就你最聰明！

走出畫地自限的傲慢與偏見，Big4資深顧問的職場心理學

安達裕哉——著

卓惠娟、蔡麗蓉——譯

方舟文化

CONTENTS

第二章

從行為經濟學、心理學來看「為什麼會做出笨蛋的行為」

CONTENTS

第三章　怎麼做才能停止「笨蛋的行為」？

前言

「笨蛋」不是一個人的屬性，而是思考的屬性

只要是有在工作的人，難免會遇到令你產生「這傢伙是笨蛋嗎？」的對象對吧？

・不聽別人說話的主管
・偷懶不工作的同事
・不聽意見的後輩
・提出無理要求的客戶

遇到這樣的情況時，職場會令人感到憂鬱，工作也成了無聊的苦行。

前言
「笨蛋」不是一個人的屬性，而是思考的屬性

我一開始成為上班族時，非常討厭這樣的狀況。數不清內心浮現過多少次「這麼無趣的職場，老子不幹了」的念頭。

我漸漸開始痛恨那些在工作場合中遇到的「笨蛋」。說穿了，就是我認為「和豬腦袋的人一起工作，真是討厭」的傲慢作祟。

當然，我不至於把這樣的想法寫在臉上。但因為我強烈希望「盡可能想和腦袋靈光的人一起工作」，所以就以這樣的原則在選擇工作。因為抱著這樣的想法，所以我多數負責的是「看似很聰明的」的科技相關客戶。

比方說，有位客戶是畢業於某間著名的國立大學，曾就任於日本的大企業，辭職後年紀輕輕便創業成功，是個「極為聰明優秀」的經營者。

他不但頭腦好，工作又幹練，只要想到我不需要和「笨蛋」一起工作，就讓我很開心，因此我當時非常投入這個專案。

沒想到當時卻發生一件事：為了招募轉職人員，所以當時正在談有關「僱用標準」的話題。那位優秀的經營者在會議當中說：「要避免僱用轉職次數太多的人，這樣的人派不上用場！」

我大吃一驚。因為我認為「轉職次數」和「工作能力」之間沒有太大的

關係。比方說我所任職的顧問公司，就有很多轉職次數相當多的員工，轉職次數與工作能力並不相干。

不，甚至應該說公司有一種「轉職次數少，等於缺乏挑戰精神」的氣氛。

聽完他說的這番話後，我的思緒開始陷入混亂。也就是陷入所謂「認知不協調（個人擁有的兩種情報發生矛盾）」的狀態。

這樣優秀的他，究竟算是聰明人呢？還是笨蛋？究竟是哪一個呢？

直到讀了養老孟司的《愚蠢之壁》[1]之後，我才解開這個疑惑。《愚蠢之壁》中寫了以下的主題——

所謂的「愚蠢」，問題在於「接納資訊時的態度」。

對於不想知道的事情，大腦會主動遮蔽資訊，這就是「愚蠢之壁」。看到這裡讓我大吃一驚，因為這形同指出「我才是笨蛋」的事實。

換句話說，「沒有試圖去理解對方在想什麼，就武斷地認定對方是『笨蛋』」沒有去理解那位經營者說出「轉職次數多的人派不上用場」的理由，

前言
「笨蛋」不是一個人的屬性，而是思考的屬性

就想判斷「他究竟是笨蛋還是聰明人」的我，才是大笨蛋。

經過這件事以後，我對於他人的發言，必定探究其中真意。因為我認為「仔細聆聽」、「推敲說話內容」才是避免成為「笨蛋」的最佳方法。

這麼一來，我逐漸明白所有人都是「在自己所見的世界做合理的選擇」。

「笨蛋」不是對一個人的形容，而是指一種錯誤的思考方式。

並不是這世上有笨蛋，只是我們有時會做出笨蛋的思維或行為而已。「看似笨蛋的發言」，背後可能也有傑出的創意、熱情或強烈的體驗，絕對不是忽略就算了。

本書蒐集了我曾經歷過，有關「笨蛋行為」的經驗談。心理學家阿德勒認為「所有煩惱都來自人際關係」，但只要能了解「笨蛋」的原因，在人際關係中，覺得不合理的地方幾乎都能一掃而空。這麼一來，和任何人應該都能在某種程度上相互協調。

衷心祝福你順利成功！

第一章

立刻武斷認定、摀住耳朵的「愚蠢行為」

「笨蛋」是一種狀態，我們都有可能正處其中而不自知，那麼你呢？
你是否也曾經有武斷認定對方錯誤、拒絕接受他人建議的經驗呢？
小心，我們都可能成為那個自己討厭的職場笨蛋。

CHAPTER ONE

麻煩的不是「不了解」，而是「不想了解」

我從事顧問的時期，有句前輩所說的話，深深烙印在我的腦海中——「麻煩的不是『不了解』，而是『不想了解』。」

剛聽到這句話時，我並不以為然，但隨著年齡的增長，我越來越明瞭這句話背後的深意。

人們在聽到自身經驗或認知中不存在的事情時，會表現出兩種反應：一是「不了解」，另一個則是「不想了解」。原本以為只是用詞上有點不同，沒想到兩者之間有天壤之別。

人都有「不想了解」的時候

比方說以下這個例子：現在請想像一下你的面前有按鈕，按鈕的管理者對你說：「只要是你想按的時候都可以隨時按下這個按鈕。」

過了一會兒，你心想「差不多可以按了吧？」然後按下按鈕。

如果有人告訴你，這個「按下按鈕」的行為，「其實並不是基於你的意志按下去的」，你會有什麼想法？

一般人的反應，大概會心想：「蛤？你在胡說什麼？」但實際上這個說法是有科學根據的。

腦科學家池谷裕二在《進化過頭的腦》[2]中提到「自由意志是潛在意識的奴隸」，並以腦波測定實驗，證實「身體比意識更快動作」的事實。

追根究柢，並且將結論歸納為「人類的自由意志是虛構」的這個事實當然違反我們原先的認知。

可能很多人（我也是其中一個）會說：「不對不對，是因為我想著要動作，手臂才會動作吧！」但事實上卻與我們的認知相差甚遠。

1
不是先有「手臂要動」的念頭，
➡ 然後才使「手臂產生動作按下按鈕」。

2
而是「手臂產生動作按下按鈕」的動作，
➡ 然後才有「手臂要動」的念頭。

實際上，意識往往比動作更晚在腦海中出現，我們只是「自以為由意識採取行動」。重要的關鍵是接下來要說的。

人們對於這件事的反應，大致可以分為兩種。首先是「不了解的人」，反應通常如下：

「真意外，雖然不了解，但實在很不可思議。」
「是進行了什麼樣的實驗呢？」
「這在腦科學中是普遍的看法嗎？」

這種反應可以看得出「不了解的人」由於認為自己知識不足，所以無法理解，或是設法提出更多問題去充實自己的知識。但是，「不想了解的人」則會表現出如下的反應：

「怎麼可能！」

「我不相信！」

「這是騙人的！」

也就是說，受制於自身的既有觀念所侷限，無法接受事實，這就是「不想了解的人」。

還有其他例子，多數人都認為「有願景的公司才會成長」，然而，這似乎不是真的。獲得諾貝爾獎的經濟學家丹尼爾・康納曼（Daniel Kahneman）在《快思慢想》一書中，提出統計數據指出「有願景的公司績效未必較佳」[3]。

在「有願景的公司」中所調查的企業，大致上來說，在經過一段期間的統計後，卓越企業和不起眼的企業在公司利潤與股票報酬之間的差距不斷縮小，最後差距幾近於零。

湯姆・畢得士（Tom Peters）和羅伯特・華特曼（Robert Waterman）合著的暢銷書《追求卓越》（In Search of Excellence）一書中舉出的企業平均營收，也同樣在短期間呈現大幅降低的現象。

你也許可以猜出造成這個結果的原因，比方說成功的企業陷入自我滿足，或是不起眼的企業努力挽回名譽。但其實這是錯誤的思考方式，一開始的差距有相當大的一部分是因為運氣，運氣可以造就輝煌的成功，也有可能導致績效平平，所以這個差距最後必然會縮小。

讀到這段敘述，很多人會感到相當意外，而且，對這段內容的反應也可大致分為兩種。有些優秀的經營者會針對以下的疑問而討論。

「有些統計數據和這個觀點不同。」
「這個結論是如何推論出來的？」
「想知道統計數據如何取樣。」

但是，也有很多「不想了解是為什麼，直覺反駁」的人。

「就我的經驗來說……」
「我的好朋友也是企業的經營者，他有不同見解。」
「這不可能。」

有許多經營者產生這些反應，卻沒有進一步打算理解。

重要的事實卻「不想理解」就慘了

前述的例子若只是聚會上閒聊的話題也就算了，但如果在現實生活中，「不想理解」的反應是發生在與工作有關的情況時，那可就傷腦筋了。

比方說我曾在擔任某間公司的顧問並對營業部門進行支援時，發現有些人怎麼都無法接受自己在業務方面的笨拙。即使提出數據證明他們效率不佳，也表示——

「我不懂怎麼看這些數據（不想理解）。」

「數字錯了！」

「我不想聽這些事。」

根本就拒絕商量。

可以說，這個社會存在著兩種人：一種是能基於客觀事實改變自己想法的人；一種是執著於必須親眼所見遠勝於客觀事實的人（或許也可以稱他們為「笨蛋」）。

不要說「不感興趣」，這會把自己限縮在狹隘的世界

以前大學時期的某位教授曾告訴我，最好不要把「不感興趣」掛在嘴上，現在回想起來，這是非常重要的教誨。

我追問原因，教授說：「『不感興趣』這句話，會把自己限縮在狹隘的世界。」

教授還說了以下這段話：

「學生出了社會是否會成功，可以從他說的話判斷。動不動就說『不感興趣』的人，通常都不會成功，縱然進入好的公司，或是成為研究人員，中途也會停止成長。」

教授提出某一個學生的例子。

「我有個學生常把『因為對其他事情沒興趣，只要告訴我重要的事就

立刻武斷認定、
摀住耳朵的「愚蠢行為」

好』這句話掛在嘴上。他對感興趣的事非常積極，其他的事情則一概不管。結果呢？過了二十五歲以後就完全沒有成長，連比他年輕的後輩，也不斷地超越他。」

教授環顧著我們，問道：「你們認為是什麼緣故呢？」

我們紛紛回答：

「因為拒絕接受新知。」

「因為沒有好奇心。」

「因為封閉的關係。」

教授對我們說：「你們這些回答都對。不過，追根究柢，『不感興趣』的發言，顯示出兩件事，如果要從事與研究學問相關的工作，最好要記住。」

教授說：「第一，自己畫下『不感興趣』這條界線，就等於自己在知識領域中置入框架。這個行為會使得想法欠缺彈性。我們無法預測知識會擴展到什麼地方，『不感興趣』的發言，很可能自行封閉了通往真理的道路。偉大的發現，通常不是藉由已經走在那條道路數十年的專家，而是由其他道路加入的新手激盪碰撞後才能產生成就、發現新知，這就是因為知識的擴展難以預測。」

教授接著又說：「第二，『不感興趣』的發言，對周圍的人而言也會留下具有攻擊性的印象。不是常有人這麼說嗎？『不關心』比『討厭』更傷人，失去能夠提供協助的人脈，是極大的損失。」

任何人都有處於「笨蛋狀態」的時候

罵別人「笨蛋」絕不是一個值得讚揚的行為，然而遺憾的是我們無法否認現實社會中，確實有「笨蛋」。

但所謂的「笨蛋」，究竟是什麼樣的一種人？而「笨蛋」又是什麼呢？

東京大學的名譽教授，曾在解剖學者養老孟司的《愚蠢之壁》[4]中，寫出如下的意見：

「只要說得出來就懂」是天大的謊言。

我在大學切身體會到「就算可以說出來，也不見得懂」的實例。這是我在北里大學藥學部，讓學生觀看英國ＢＢＣ拍攝，某對夫妻從懷孕到生產，

立刻武斷認定、
摀住耳朵的「愚蠢行為」

詳細追蹤報導的紀錄片時所發生的事。

藥學部的女性占了六成以上，也就是女性居多。在這種情況下，詢問學生對該節目的感想，結果非常有趣。男學生和女學生分別表現出完全不同的反應。

看了紀錄片的女學生幾乎都發表了「收穫極大，有很多新發現」等感想。相對的，男學生的回答則幾乎都是「這些都已經在上保健課時就已經知道了」。觀看相同的影片，兩方卻表達出完全相反的意見。

這究竟是為什麼呢？因為是同一所大學相同的學部，至少男女在知識程度偏差值的上，並沒有差異，那麼這樣的差異是從什麼地方來的呢？

答案是對於提供的資訊所持的態度。也就是說，男性對於「生產」沒有切身感受，所以即使觀看相同的紀錄片，也無法得到和女性一樣的發現，他們沒有想要去積極發現的態度。

可以說，對於自己不想知道的事，便自動去阻斷資訊，這裡就存在著一堵牆，這也是一種「愚蠢之壁」。

「笨蛋」對於不想知道的事就不聽，所以有理也講不清

心理學上所說的「確認偏誤」（confirmation bias）和這個想法極為相近。丹尼爾・康納曼的《快思慢想》中有如下的敘述[5]。

> 詢問認為山姆友善的人：「山姆很友善嗎？」他可以舉出許多山姆很友善的例子，但你問他：「山姆很壞心吧？」他卻想不太出來相關的例子。意圖去尋找能夠支持自身信念的證據，稱為「正向測試策略」（positive test strategy），系統二*正是以這個方式來驗證假設。雖然科學家和哲學家都告訴我們「驗證假設最好的方式就是反駁它」，然而多數人都只會去尋找支持和自己的信念一致的資訊——應該說就連科學家也頻繁地犯這種錯誤。

人們有「意圖去探尋能夠支持自身信念證據」的傾向，反過來看，也是人們有意無意地阻攔「否定信念」、「出現反駁」的訊息。

而這個「阻攔訊息」的真相，正是「笨蛋」的本質。

笨蛋會自以為是。

笨蛋不會檢驗正確性。

笨蛋很頑固，不去探尋其他的可能性。

笨蛋總是立刻下結論。

笨蛋總是抱持偏見。

這也就清楚告訴我們另一個重要的事實。那就是——只要是人，任何人**都有可能變成笨蛋**。

比方說以下這樣的狀況：

「明明平常是個好人，為什麼只要一提到足球的輸贏，就會變得那麼固執不講理……」

＊根據《快思慢想》中的詮譯，思考可分為系統一及系統二，系統一是自動化的運作；系統二則必須動用到注意力去做費力的心智活動。

「工作能力那麼強的社長，只要一向他提出數據下滑的報告，他就會不分青紅皂白地發火，怪我說『是因為你不夠用心』……」

「那個學者開始參與政治活動後就劣化了呢！變得無法客觀判斷。」

另外，以下的發言（或許有些政治不正確），已經不僅是「看起來有點蠢」的發言，而是百分之百的「笨蛋」發言：

「戰爭無論在什麼情況下都應該要避免，這沒有例外，也沒有討論的空間。」（但如果是為了守護國家的主權、生命的權益或是更重要的價值呢？）

「人權無論在什麼情況下都應該比任何事受到尊重，不重視人權就是作惡，不能被容許。」（那麼倘若是因為某些個體的人權而侵害到他人的人權呢？）

發言者也許深信不疑，但不以為然的也大有人在。因此，並不是世間存在著「笨蛋」，而是任何人都有處於「笨蛋狀態」的時候。換句話說，所謂的「笨蛋」是大腦發生特定作用的「狀態」。

只要了解笨蛋的真貌，平時就不斷訓練自己客觀思考，就可以盡可能避免「笨蛋的狀態」。

話雖這麼說，人類的認識必定有所侷限，無論如何總難以避免主觀。

無論任何情況下，要證明百分之百的正確性根本不可能，標榜完全客觀才是最可疑的行為。

因此，「笨蛋」不可能從世上消失，就原理來看是不可能的。

我們所能做的，是接受「笨蛋」。

更進一步來說，不是「追求真實」，而是「接受笨蛋存在的現實」，才是謀生處世最重要的一件事。

就像有句俗話說的「只要使用得當，傻瓜和剪刀都能派上用場」，所謂人盡其才、物盡其用。

就如上述的說明，笨蛋往往不會有遲疑猶豫。

笨蛋的極致常是偏執狂，偏執狂的能量，具有非常強大的力量，有時甚至可以不顧性命。

而且，也有人提出「創業時最好當個笨蛋」的建議。

笨蛋的狀態，是能量的泉源、熱情的笨蛋、有時也是一種活力的展現。

換句話說，與笨蛋是否能和平共存，關鍵在於能否把「定見」用在正面的地方。

笨蛋在誕生正義的同時，也會誕生偏見，這種情況便是一把兩面刃的劍。只要牢記這句話，「笨蛋」也能成為社會的必要元素。

為什麼能力優秀的人，也不一定是好員工？

T畢業於東京有名的國立大學，一畢業就進入某家大企業任職。

他原本就是個頭腦清晰的人，研修期間就鋒芒畢露，同期的人都認為他「一定能出人頭地」。

然而，他被分發的部門卻不符他的期望。

人事部門雖然曾考量他的期望，但還是就整體規劃，將他分配到「現在最需要倚重他能力的部門」。

他雖然憤慨卻無法推翻決定，他的職涯就這樣無法如他所願的開始了。

研修期間結束，T被分配到某個工作小組。

工作小組的組長，是從別家公司跳槽而來的人，公司對他抱著很大的期待，因為他在前一家公司表現得非常出色。

立刻武斷認定、摀住耳朵的「愚蠢行為」

然而實際上，這名組長說得好聽一點只是個平庸的人物，說難聽一點就是個沒有領導能力的人。事實上，就連他在前一家公司所謂的出色表現，純粹也只是因為他運氣好而已。

分配到這個工作的T，基於他的聰明才智，立刻看穿組長的無能。

組長一旦被指出錯誤立刻變得情緒化，不但無心改正錯誤，也沒辦法確實指導部屬，還會設定極高的目標逼迫下屬去實現。

這種主管正是T最討厭的類型。

因為組長而產生的各種狀況層出不窮，所以小組分成反抗組長的人，與順從組長的人。

反抗組長的人，只要一有什麼事就攻擊組長。

「您一個星期前是這麼指示的對吧？郵件上也是這麼寫的。您的指示可不可以不要朝令夕改？」

「您並未確實通知我們上層主管的指示不是嗎？」

「您不是說已經向部長報告過了嗎？」

但是，順從組長的人，即使知道他的無能，仍然表示「公司就是這樣」，因而表現出服從主管的態度。

他們甚至會打小報告，告訴組長那些攻擊他的話，使反抗者的評價變得更差。

「他們最糟糕的，就是不老實。」

「組長對他們還真有耐性呢！」

「他們根本和公司的理念不合吧？」

不用說，小組在這樣的狀況下當然無法做出什麼成果。

他們頂頭上司的部長，向組長詢問前因後果，組長則向部長表示「組裡有些反對派」。

偏偏部長是個重視「組織和諧」的人，因而對反抗上級的他們產生了壞印象。

聽了組長的意見，經過一年後，部長給予「反對組長的勢力」打了較低的考績，連同T在內，把他們調任到其他部門。

T被調到更加不想去的部門。

這麼一來，工作當然更無趣，對主管及公司的抱怨更多。

不知不覺中，主管階層對T的評價變成了「雖然聰明卻老是反抗主管」的印象。

不用說，任何部門都不會想要這樣的部屬。T在公司待了三年左右，卻完全被排除在升遷名單之外。

他離明星部門越來越遠，也看不到升遷的希望，在公司被歸到「敗犬組」。對此，T心想「這種體質老舊的公司根本沒指望了」，因而決心轉換跑道。

他有出色的學歷，原本所屬的公司在業界品牌也很好，所以很快就找到下一份新工作。

於是T跳槽到外資的大企業。

T心想「既然是外資，就不會受限於陳舊的惡習，不至於在無能的主管底下受氣吧？只要是憑實力競爭的地方就能好好大顯身手」。

然而，實際情況卻超出T的想像。

主管確實是個很有才能的人，但周圍的同事也都非常優秀。

T在前一家公司的三年期間，因為幾乎沒有培養出任何實力，所以置身於同期已在外資歷練三年、身經百戰的勇者群中，變得毫不起眼。

T雖然焦急得想要展現成果，卻變得獨斷橫行，招來客戶怨言，無法順利以赴。

T在這種情況下，對公司懷著強烈不滿。

為什麼公司都沒有積極地支援他呢？

回想起來，之前的公司組長雖然無能，但對於沒有做出成果的人，公司總是會做出指示，給予周到的支援。

「因為主管不指導，所以客戶才會抱怨。」

「因為沒有給予支援，工作才會不順利。」

T抱持著這樣的不滿。

主管對於這樣的T卻是咄咄逼人地表示「你的管控要更面面俱到」、「要拿出成績」、「不用我說你也要做得到吧」。

很遺憾的，他的主管就人情面來說，是個非常冷淡的人，T的精神狀況逐漸出現問題，很明顯地開始遲到或無故缺席。

T在這家公司工作了兩年多之後終於辭職了。

因為人事部門對他說：「趁現在退職金比較多，去找其他合適的工作比較好」，其實就是實質上的勸退。

正好那時候因為友人邀請他到另外的公司工作，所以T就答應辭職了。

T受僱的第三家公司，是友人介紹的新創企業。

友人因為知道T腦筋好，先前又在知名的大公司工作，所以對T寄予很高的期望。

事實上，T在這家公司，也久違地體會到如何在工作上發揮能力，展現了成果。

「新創企業果然還是比大公司來得好。」T每逢與朋友碰面就這麼說。

然而才經過一年，T與新創企業的社長關係漸漸惡化。

T雖然在工作上展現出成果，對社長的怨言卻很多。

一開始是抱怨「待遇太差」，接著開始抱怨「最近社長變得很傲慢」、「也不想想是誰讓公司業績成長的」、「如果我不在的話，公司就停擺了」，最後導致其他人向社長打小報告。

社長對這樣的狀況不可能置之不理，因此社長三番兩次地對T表示：「希望你不要大肆張揚公司或主管做不好的地方」，但T始終改不了對他人抱怨的壞習慣。

T只是說：「我說的都是事實，說出真相到底哪裡錯了?要改的應該是上層吧？」始終沒有要讓步的意思。

新創企業的社長只好對T下最後通牒：「我想我們公司不適合你。其他人也覺得很困擾，希望你能離開我們公司。」

T後來成為自由業，雖然零零星星地偶爾有些公司找他，但最後總是落到對T的態度覺得不耐煩。

頭腦好未必能保證有燦爛的未來。像T這樣的人，總是只注意到他人的缺點。

據說那位新創企業的社長最後曾對T說：「希望你能多看看『別人的優點』。」

沒有能力只有自尊心是不會成長的

不論是哪一家公司，當公司的人數超過一、兩百人時，就會發現看起來「無能」的人占有一定比率。

而且，被認為「無能」的原因，也幾乎是共通的，那就是以下兩點：

・工作品質低落。
・自尊心特別強。

比方說，某家公司營業部門有個被視作「無能」的人，對於業務上規定的一些事項容易出錯，例如沒有提交審核管理的文件，或是遺漏該收回的業務工作等，在一些簡單尋常的工作上總是會犯錯。

立刻武斷認定、
摀住耳朵的「愚蠢行為」

發生這種狀況，如果他能在主管責備「下次務必要注意」時，老實地認錯也就算了，偏偏他卻不這樣做。

最要命的是每次他對於自己所犯的錯誤，總是說謊或找個藉口搪塞。

「因為客戶一直不提交必要的文件……」

「我已經催促過了……」

沒做的事卻謊稱做了，或是沒完沒了地辯解，進公司不到一年，大家對他的評語都是「那傢伙真的很沒用」。

在另一家網站製作公司，則有一個社員讓主管及前輩傷透腦筋。

主管表示：「我拜託他做的事明明就沒做好，偏偏自尊心特別強。」一問詳情，原來是對於主管要求製作網站導覽頁面或測試項目時，這類雖然不起眼但一定要做的工作，他多半都會犯下很大的錯誤或疏失。

主管一指正他的問題，他就開始找藉口：「我還以為這樣就行了。」

另一方面，他卻又對主管說：「請快點交派具指導規劃性的工作，或是讓我提案的工作！」

但主管表示：「連基本的工作都做不好，怎麼可能交派更重要的工作呢？」，他只是隨口應了聲「好」。

但是從他屢屢犯下基本錯誤看來，他只是把主管的話當作耳邊風罷了。工作品質低落、自尊心特別強的員工，這種令人「困擾」的員工，真要舉例簡直沒完沒了。

當然，應對這類「無能」的員工，想必公司會把他冷凍起來吧？或許有人會這麼想，但實際上出乎意料的，幾乎所有公司的主管或前輩，都會抱著「希望這個人設法改變」的想法。

「既然都僱用了，總希望能設法讓能力沒這麼好的員工改變。說真的，實在為他花了很多時間，結果花了那麼多時間都白費了。」某個主管這麼說，然後苦笑著表示：「這些時間如果花在其他有能力的人身上，應該能夠得到更好的成果吧。」

主管們之所以困惑不已，可以歸因於以下這個問題：

「技術面的部分是可以指導，但因為自尊心太強，聽不進別人說的話，根本無心改進。」

改善溝通方式、設定讓他們能提出一定成果的標準作業規則等，然而，只要當事人的態度不改變，效果當然有限。

那麼，究竟對這樣的人該以什麼方式應對呢？

事實上，能成功改變能力與態度都不佳員工的公司，幾乎都是貫徹「嚴格、冷淡」的方針。

某家公司的人事方針，就清楚地告訴這類員工，如果不改變自身態度，在公司就不會有任何發展，因而使得員工們展現出一定的成果。

具體來說，他們是這樣告訴當事人：

「以你現在的工作品質來看，在我們公司待十年也不會有什麼成果。看你是要改變態度，或是永遠都要拿最低薪資得過且過，完全由你自己決定。」

另外有一家公司，則是只交辦簡單的工作。那家公司的經理說：「反正簡單來說就是打雜。因為無法信任他的工作品質，所以只交派單純的作業事項，當然也不許他加班。」

經理進一步又說，不能感情用事：「又不是要求『一定要很能幹』，會這麼做也是無可奈何，沒工作能力的人就是沒辦法。我不抱任何期待就不會發生摩擦。寄予不可能的期待是不對的。」

「他們不會抱怨嗎？」我問他。

「當然會啊，這種時候就讓他們再次挑戰看看，要是不改變態度、拿不出成果來，就再恢復我原本的做法，只要對方願意改，我任何時候都可以提拔他們。」

「原來如此。」

「說到底就是因為他們從來沒被冷凍過，想必是過去總是有人伸出援手吧？所以他們就會依賴其他人。對這樣的人就不應該幫他。所以我絕對不會妥協，一定徹底冷凍，我只和願意挑戰的人合作。」

雖然在現今社會中不過度疾言厲色的主管才是主流，但是這位主管所說的「一旦慣壞了下屬，就只會讓他們養成依賴別人的習慣，這樣完全無法幫助他們」的這番言論，卻讓我留下深刻的印象。

請避開總是發表「感想」，而是提出「方案」

我在顧問公司上班時，坐我旁邊的同事，曾經找我商量一件事。

「工作上遇到一個怎麼樣也處不來的人。」

「怎麼說呢？」

「嗯……該怎麼說呢？就是只要一拜託他什麼事，他就先否定。」

「說得更具體一點？」

「比方說我拜託他把協助安排講座座位，依照表格上的排列變動即可。明明只要說一聲『好，我知道了』就可以，但他總是習慣挑毛病，『這樣的座位安排，不會不好使用嗎？』」

「從好的一面來看，不是因為他拚命想改善方案嗎？」

「才不是，很令人火大，如果我問他：『那麼，你認為該怎麼做呢？』

他就說『我只是直覺很不好使用而已』，根本不會提出改善方案。」

感覺似乎是個棘手的同事。

「還有嗎？」

「拜託他做會議記錄，結果他回我『根本沒人會看什麼會議記錄！』於是我就跟他說『好，那麼你去幫我問部長和課長是不是不需要』，我這麼一說，他又逃避問題回答『我只是說一下我的想法而已』；跟他一起工作，真的很令人火大。」

「喔，原來如此。」

「結果不久前我終於按捺不住，說了他一頓。」

「你說了什麼？」

「這裡是公司，既然你已經是成年人了，就不要老是講『感想』，你要提出『方案』。」

「他怎麼回答？」

「他說我又不是講感想，『只不過是提出一種選擇而已』。」

「喔！」

我以前也曾經遇過這一類的人，他們多半有如下特徵：

・擅長查詢資料。
・拜託他們什麼事的時候，不會爽快地說「好」，總是習慣性要唱一下反調。
・無法承擔責任。
・偏好攪和討論。

因此，「不要講感想，要提出方案」，其實切中了要點。仔細想想看：「感想所講的，是個人感情的好惡判斷，方案則是要敘述好處、壞處等邏輯判斷」。

而在公司或工作上，只會憑好惡發言的人，就像這個案例中的白目同事一樣會被其他人所疏遠。

以個人好惡來判斷，丹尼爾・康納曼在《快思慢想》中，介紹心理學家保羅・史洛維克（Paul Slovic）所提到的根據好惡決定判斷的「情意捷思」＊（affect heuristic）[6]。

比方說只因為是你偏好的黨派，所以你便同意對方的主張就是一例。你若是滿足現行政權的醫療政策，你就會判斷這個政策的便利性較高，費用和其他政策相較下更便宜不是嗎？

對於他國採取強硬姿態的人，想必是他國比自己的國家更弱，希望他國遵從自己國家的意志。

懦弱的人認為他國比自己的國家強盛，應該不會輕易讓步。

你對於輻射汙染的食品、紅肉、核能、刺青、摩托車等等的看法，會影響你對這些事物的利益或風險的判斷。比方說討厭紅肉的人，可能會主張紅肉「又硬又沒營養」等看法。

受別人委託某件事情時，因為「討厭委託我的人」、「不喜歡他的說

＊又稱為好壞原則，是指當人們面對某件事物或狀況時，直覺立即對狀況產生一個好或壞的模糊感覺，而這個感覺將主導之後的判斷。

法」等原因，就把那個人提出的方案，完全以否定的態度來解讀，這就是「情意捷思」。

由於「好惡」在人性中根深柢固，工作上若是無法妥善處理，可能會導致很大的麻煩。

比方說，很討厭（或很喜歡）公司、工作的人，所說的話往往帶有極大的偏頗，幾乎沒有什麼信任價值。

在擔任顧問時，如何判斷這樣的偏頗是一件重要的工作。

這種時候，我當然不會直接說「我對你的好惡不感興趣」，而是問對方「你可以同時告訴我優點與缺點嗎？」

只能舉出優點，或是一味強調缺點的人，通常都有強烈的偏頗，所以持保留意見的態度才是正確的做法就比較合適：

公司或工作上提出某些意見時，要十分留意「情意捷思（也就是個人好惡）」，盡可能針對優點與缺點來陳述意見。

比方說像以下的說法。

「講座場地的配置採取像學校的形式，具有○○的優點，所以目前都採取這個形式，不過也有XX的一大缺點，所以我認為可以採取工作坊的形式。採取這個形式的話，雖然有△△的缺點，卻具有□□的優點。您覺得如何呢？」

當旁人很體貼時，儘管你的說法只帶有個人好惡，對方也會聽吧？然而，這樣的情況若一直沒有改善，最後一定會導致漸漸疏遠，不想再理會你，請大家多加注意。

只會批評卻沒有建設性，更讓人不滿！

只會批評卻提不出有建設性方案的人，並不是只會出現在公司內部。

不久前我曾聽某家網路行銷公司的人向我訴苦：「雖然僱用了外部的專家，可是我實在是很受不了對方……」於是我請教對方究竟發生了什麼事。

「總之就是工作能力很差，把團隊氣氛搞得很僵。」

聽他這麼一說，我當然馬上浮現一個疑問：「為什麼會僱用一個工作能力差的專家呢？」

我一問之下，他說了。

「不，就專業知識來說他確實很厲害，不論是分析工具、統計等，都異常地了解，甚至還有出版相關的書籍作品。」

「原來如此，那麼，為什麼你會覺得他『沒有工作能力』呢？」

「因為他只會指出問題，完全沒有提出改善方案。」
「怎麼說呢？」
「比方說看了網站，他會處處挑剔這裡不好、那裡不行。但是只要一問他『那麼，應該如何改善呢』，他卻一個屁也放不出來。」
「原來如此。」
「而且他是個異常拘泥細節的人，在談網站整體設計時，他卻老是繞著網頁按鈕位置、內容的格式等細節打轉，忍不住令我想吐嘈他『現在談的重點不是這個吧？』」
聽他這麼一說，我也有類似的經驗。
當時我和某家公司的顧問諮商合作，在營業部的業務改善會議中，進行「交易分析」。
還很年輕的主管把過去幾個月的交易一覽表分給與會者，然後問他們：「雖然要思考的是今後如何提高下訂單的比例，但你們知道過去客戶下單失敗的背後原因嗎？」
這時一個資深營業員立即開始挑資料中的表格毛病。

「這裡的漢字打錯了。」

「這個表格不太容易看耶。」

年輕的主管很冷靜地詢問：「請問是哪個地方不容易看懂？」那位資深人員卻只說：「不是我看不懂，我是指考慮到看這個表格的人，應該要更清楚明瞭一點。」

年輕的主管又問：「具體來說應該改善哪個地方呢？」但對方卻沒提出任何意見。

年輕的主管雖然一肚子氣，卻沒表現在臉上，再次詢問所有人：「表格我會後會修正，有關下單失敗的客戶，各位是否有發現到……」

這時候，同一位資深人員再次表示：「啊，負責這個客戶的人，是其他人喔！」再次挑剔和主題無關的細節，使得大家都感到很不耐煩，現場氣氛非常差。

在任何一家公司可能都有幾個這樣的員工。

就傾向來看，他們有以下的特徵：

- 雖然有專業知識，卻無法就實際目標進行精確的討論。
- 自尊心很強，愛批評他人所做的事，卻不提出自己的意見（因為不想被批評）。

尤其是四、五十歲的男性很多這樣的人，我都稱他們是「溫室裡的大叔」。當然，這並不是只有大叔才會做出的行為，只是我覺得似乎有這樣的傾向。

「那麼，那個網路行銷專家後來怎麼樣了呢？」我問道。

「不僅派不上用場，而且還妨礙會議的進行，只是把大家搞得很不愉快罷了，光有知識卻造成大家的困擾。」

根本不用在意他人的看衰

某次一起喝酒的友人對我說了這句話：「只會預言他人失敗的傢伙，是真的無能。」因為他有點醉了，話就變多了。

「怎麼說呢？」

「你應該也看過吧？某些人在遇到其他人要開創新的事業，或推出新商品時，就會露出一副跩樣說：『那個絕對會失敗！』不是嗎？」

「有，昨天也遇到了。就是那種會說『那個絕對不會順利啦』的人對吧？」

「沒錯，這種也是。」

「為什麼說他們無能呢？」

「因為他們只會說些理所當然的話，讓人家不愉快而已。」

立刻武斷認定、
摀住耳朵的「愚蠢行為」

我問他：「也就是說不要預言未來的意思嗎？」
「你先聽我說。我可是一個字也沒提到不可以預言喔！」
「那，你是什麼意思呢？」
「我的意思是：要預言失敗根本超簡單！」
「你可以舉個具體的例子嗎？」
「比方說預言 Apple Watch 失敗的人，說『這個賣不掉』的評論家。」
「……為什麼？」
「反正一有新商品，他們只要誇大地說『這個賣不出去』就好了！」
「……啊，原來是這麼回事。」

換句話說，他想表達的概念是這樣的——
任何嶄新的嘗試，基本上失敗的可能性都比較高。因此只要對「新的嘗試」都說「這個會失敗」，大部分的預言都能說中。

他語帶諷刺地說：「擺出一副面有難色的樣子，提出失敗的例子，

『唔……這個賣不出去』這大概有九成會被他說中，評論家不就是這樣的職業嗎？」

「或許也有人不是這個樣子……」

「是嗎？我從沒見過不是這樣的人。」

我只好安慰他：「別放在心上。」

「所以我絕對無法信任只會預言『失敗』的人。如果只會說那些話，我也會呀！我想聽的是預測『這個可行』以及其中的理由。」

「有人可以說中嗎？」

「不，通常都不會說中吧！」

「這不就不成？」

「不是有人做過研究，調查分析師或評論家的預言是否準確，結果發現幾乎都沒說中。[7]什麼預言，根本都不可能準確。要是這些人能成功說出某樣東西一定會成功的話，不是有強烈的執著，就是有收錢。」

「……原來如此。」

「就是有這種人呀，預言４Ｋ電視沒辦法推廣，IoT技術*無法順利的那些人，所以，要是下次再讓我遇到這種人，我就要問他們，『到底什麼能夠順利進行？』反正他們是絕不會說中的。」

「原來如此。」

他講完想講的話，就倒頭大睡了。

被譽為「現代管理學之父」的經營學家彼得・杜拉克（Peter F. Drucker）曾說「未來無法預測」。我們所能做的，只有「觀察已發生的事情」。[8]

當局外人說：「你會失敗！」，不需要在意，只需回答對方：「我知道。」就行了。

＊物聯網（Internet of Things，縮寫成IoT），指把所有物品串成網路，讓物品設備彼此互相交換訊息並溝通。

不對的主管是澆熄他人熱情的高手

我的一位朋友在某家公司營業部門上班，卻遇到一個很糟糕的主管，每天的工作氣氛愈來愈差，因而決定另謀他職。

我一邊和他小酌，一邊聽他述說詳情。

「那個主管是個會澆熄他人熱情的高手！」朋友氣憤地說。

他接著說：「我並不是要他提升我的幹勁，或是要他照顧我。我沒打算要求這麼奢侈的事。我不過是希望他至少不要阻撓認真工作的人。」

「真的很過分嗎？」

「對，真的很過分。尤其他還自認為是『很幹練的主管』，讓人感覺更不舒服。」

「嗯……我們公司的主管，也是大家都說他很過分，不過，因為下屬大

立刻武斷認定、
摀住耳朵的「愚蠢行為」

多會批評上司，因此行為惡劣的主管，我想也許不是真的有那麼多。」

「不，其他公司我不清楚，但是你只要聽我說明就不會這麼想了。」

「好，我聽你說。」

他點點頭說：「首先，我第一天被分發到他底下時，就覺得有點奇怪。」

「怎麼說呢？」

「他的很多行為會讓我覺得，這根本不是一個主管該做的事吧？」

「他做了什麼？」

「有一部分的下屬，他叫名字時會比較親暱，比方說叫他們小山、小高，但是除了這兩人以外，都是毫不客氣、連名帶姓地稱呼。」

「這實在令人費解。」

「一開始我也難以理解，但過了一段時間後我就發現了。簡單說，他只有對心愛的部下才會用親暱的叫法，我本來心想就算是偏心也表現得太明顯了吧？後來才發現，原來社長本身也是這樣，因此大家都心照不宣。」

「刻意讓人一目瞭然的偏心……是嗎？」

「我不清楚他們是不是故意的，除了稱呼方式或口吻，中午是不是一起吃飯？是不是一起參與會議等，都可以看出他們偏愛哪些人。」

「原來如此……」

「所以員工當然也一心想著『如何跟主管打交道』，如果能搏得主管喜愛，就能在部門裡往上爬。實在很過分。」

我回想了過去曾拜訪過的公司，的確有些公司也有類似情況。

「還有一點令我覺得很詭異，就是只要一有問題想找主管商量，他就會不高興。比方說有時候客戶不是會提出有點不講理的要求對吧？」

「嗯……」

「我覺得很傷腦筋，於是就找主管商量，沒想到主管竟然對我說：『這種麻煩事為什麼要來找我，這是你的責任，自己想辦法！』」

「主管不就是應該在部下有困難時給予協助嗎？」

「我也這麼認為，但他的說詞是『因為你沒照我說的去做，才會發生問題，所以你自己設法解決』。」

「這種情況，實在太可笑了。」

「總之，他的態度就是『絕對不准發生問題』，社長也是同樣的態度。社長遇到任何問題發生時，絕對不會等我們說明狀況他就先發飆。怒吼著『為什麼會發生這種問題！』」

「這樣會使員工很怕失敗呢！」

「就是這樣，大家每天都一直在看主管的臉色工作。」

確實這也可能在其他公司發生，把問題硬推給部下的主管，對部下而言簡直是惡夢。

「不僅如此，主管還自認自己的工作能力很強。」

「如果工作能力很強的話，應該還有救。」

「一般來說確實會這麼想對吧？不過，他雖然很會討好社長，其實什麼都不會。大家都心知肚明。但社長卻總是誇他『做得好，你很能幹』，但他們真的搞錯了。」

「那真的很糟糕。」

「就是說啊。大部分的客戶都不喜歡他，他在公司以外完全沒有人脈，只會在公司作威作福。可能就是因為在公司外得不到好評，所以才只會在部下面前擺架子。」

「什麼地方讓你覺得他擺架子？」

「像是一說教就沒完沒了。他會說『我是為了你好才罵你』，蠢到讓人聽不下去。還有，只要社長在，他就會忽然對部下特別嚴格，似乎想在社長面前表現出『我有好好地管教部下』的樣子。」

「原來如此，真的不會想在這種主管底下工作呢！」

他點點頭繼續說道。

「我說的沒錯吧？還有就是不管部下說什麼，他一概不聽。」

「啊，確實有這種主管。」

「那個主管這種情況特別嚴重，他會打斷別人說話，開始講一些不相關的事，讓自己占上風。而且，不僅是不聽別人說話，該怎麼說呢？……就是不尊重別人。」

「這樣啊。」

「就算是獨裁的社長，會傾聽他人說話的社長也大有人在。但是打斷別人說的話，對部下趾高氣昂，只會說一些『我比你厲害』的話，怎麼想都覺得很病態。」

「原來如此。確實有這種人呢！」

「我就說嘛，光是以『不聽部下說什麼』來形容他，我覺得還不夠。」

「嗯，大概是個沒器量的人吧？」

「大概吧？」

說到這裡他微笑著說：「不過，他讓我了解身為一個主管不能犯的錯誤，也算是從他身上學到很好的教訓。」

「你很正面嘛！」

「不要取笑我了。對了，他還有一個很糟糕的地方。」

「是什麼？」

「那個主管對學歷非常自卑。」

「明明沒人在意，他卻會說『我是〇〇大學畢業，所以頭腦不好』，我也覺得很煩，懶得理他。」

「原來如此。」

「還有，他對學者或大學有偏見。比方說要是提出什麼證明時，他就會拚命抗拒，搬出『只會光說不練』、『理論和實際不同』等藉口。」

「可以想像！」

「說得更白一點，他對資訊科技抱著強烈偏見，以嚴肅的表情說『玩社群網站的人要更重視和真實世界的接觸』，真搞不懂他怎麼回事？」

「嗯，總是有保守的人嘛！」

「在那家公司當業務，氣勢和耐性是最重要的，有效率去做反而不行。如果沒有長時間工作，就沒辦法讓他們滿意。偏見太深，不講理的主管，真的讓人幹勁全無。就是這麼回事。」

「換工作真是太好了。」

「真的！」

「正確性」也要適當地提出才有意義

不論在哪一家公司，進行什麼樣的溝通，都一定會有「失禮的人」。

「失禮」是抽象的表現，也是相對性的感受，這個人認為失禮的行為，其他人卻未必有相同的感受。但「失禮」這件事，是確實存在的。

根據《論語》的說法，「失禮」是因為缺乏謹慎與敬意。

比方說在網路上常可看到罵人「愚蠢」、「無能」等字眼，其實就很失禮。同樣的，當某個人犯錯時，在眾人面前批評對方「你錯了」，其實也是失禮的行為。

以前曾發生過一件這樣的事。

有家企業是小小的系統開發公司，社長是個經營風格獨特的人。

因為社長是主觀很強的類型，因此時常在會議中失言，例如他會這麼說：「軟體品質之所以會不良，就是因為對工作不夠用心！」

但事實上，該軟體的品質出現問題，與用心與否一點關聯也沒有，而是管理方面的問題，但說出這樣言論的社長卻並未這麼思考過。

於是平時就很受不了社長這套精神論的年輕程式管理員說了：「社長，與其歸咎於精神論，希望您能確實了解程式管理的方法。」

現場氣氛瞬間凝結，社長非常激動地吼道：「我說的，就是不要用這種方式來轉嫁責任！」

那位程式管理員被社長激動的態度嚇了一跳，當場道歉才好不容易緩和僵持不下的現場氣氛。

有趣的是後來社長採用那位程式管理員的做法，改善了品質。

或許社長心裡其實也覺得年輕的程式管理員所說的話有道理，但是，那位敢於對社長「捋虎鬚」的程式管理員，後來還是被冷凍了。

社長很明顯地討厭他，對他的評語是「耍小聰明」。

我看到這種情況，深刻感受到「被認為失禮」而付出的代價。社長確實很主觀，就程式管理觀點來看的確很無能，但是公然批評他的代價實在太大了。事後，那位年輕的程式管理員不久就辭職了。

遺憾的是，儘管是表達「正確的事」，只要太過於直接，也往往容易變得「失禮」。

- 數據是這麼顯示的。
- 就邏輯來看，我才是對的。
- 這樣不合理吧？
- 這麼做違法吧？

但是，這樣的「正確性」，和犯錯的人正面衝突，結果只會以破局收場。而且還會被敵視。

這是因為人們對於失禮的人所說的話，即使明知正確我們也不想聽。

蘇格拉底會被處死，正是因為他是正確卻「失禮的人」。[10]

那麼，明明知道對方有錯，卻無法直說，到底該如何進行溝通呢？是否有和對方討論的方法呢？

立刻武斷認定、捂住耳朵的「愚蠢行為」

我所任職的顧問公司，有個非常擅長「對主管提出主張」的人。

他所貫徹的，就是「不傷害對方的自尊心」。

他提出意見時，即使對方有錯，也一定會先予以對方肯定，加上一句「〇〇您說的沒錯」，然後才說「能不能也請您判斷一下我所說的對不對呢？」讓對方掌握主導權。

更重要的一點，是他不論面對什麼樣的對象，即使是討厭的主管，也不會失去敬意。

不論是什麼樣的對象，都試圖從對方所說的，找出有理的部分，他的這種態度總是能讓溝通可以順利進行。

就連管理學權威的彼得·杜拉克，也主張「禮儀很重要」。[11] 絕對不能粗魯無禮。

明明下著雨，卻還打招呼說「真是個美好的早晨」，這不是很虛偽嗎？不少年輕人把禮儀視作偽善，但實際上這點卻非常關鍵。

但是，和會動的事物接觸而產生摩擦是自然法則，所謂的禮儀就是緩和這種摩擦的潤滑劑。

因為經歷的關係，年輕人也許比較難懂這個道理，但是，只要和人相處，就需要禮儀。即使打著正義的大旗也不能棄禮儀於不顧，粗魯無禮會挑動人的神經，留下無法抹滅的傷痕。

反過來說，有禮能把一切導至好的方向。

「正確性」也要有適當的提出方式才有意義。

「因為我說的是正確的，所以即使態度無禮應該也沒關係吧」，絕對不要有這種天真的想法。

若是忘了「禮儀」這個原則，那麼「正確」就會單純淪為一種「傲慢」。

第二章

從行為經濟學、心理學來看「為什麼會做出笨蛋的行為」

人總會隨著自己對事物的「喜好」，
對其進行優劣判斷，以致無法客觀判斷事實，
如果能不被個人情緒喜好影響判斷，
或許就能避免做出愚蠢的行為！

CHAPTER ONE

「誰說的」遠比「說了什麼」更重要

我所認識的人當中，最能掌握人心的優秀管理人，是某家系統開發公司的M。話雖這麼說，但我並不是要談M雖具有人氣，品德卻不是特別高這類性格方面的話題，而是更實務面的內容。

事實上，我之所以判斷他在掌握人心方面特別傑出，是因為他「驅策他人」的技巧。

不是我開口，而是讓別人替我說

我是在參與「資訊安全對策專案」時，意外發現M在掌握人心技巧上有多麼高明。

我想很多人應該都知道，資訊安全對策往往把許多日常的工作程序複雜化。比方說，和客戶的資訊交換有相關的限制，或是一定要做某些記錄等，M的公司自然也不例外。

在資安監察中，正在進行的專案大多會被指出資訊交換中有許多問題，而上級會針對問題提出改善對策，但這其中的規則實際上卻相當繁瑣。其中M的一位部下A，對於引進這個改善對策，態度顯得十分消極。看到A的態度，公司內部也出現討論的聲音，認為要讓對策確實地被實踐，可能需要訂立罰則或更嚴格的規定。

M看到這樣的狀況，對我悄悄表示：「看樣子不能由我對A開口，而是由『他』來幫我說！」M所指定的人，是一個進公司才第三年的年輕人，M拜託那個年輕人：「幫我說服A！」

那個年輕人一開始雖然有點猶豫，最後還是表示「我知道了」而接受。

「誰說的」遠比「說了什麼」更重要

令人驚訝的是過了幾天，A開始老實地遵守規範。看樣子，由年輕人說服他的作法奏效了。

我問M：「為什麼由那個年輕人去說服他呢？」

M這時才向我解釋：「A的性格古怪，總是不理會上級說的話，但他絕不是個不講道理的人，因此我才拜託和他交情較好的年輕人去遊說，因為他們最近好像時常一起去釣魚。」

我在那一刻，親眼目睹並深刻體會到「是誰說的」遠比「說的內容」更重要。而這樣的經驗，對於我之後的顧問活動發生很大的效用。

企業中有著形形色色的人物，其中有光是聽到「顧問」兩個字，就不分清紅皂白表示厭惡的人。對於這樣的人，身為顧問的我不論主張有多正確，都只會產生反效果。這時候，先找出和目標人物親近、他平日便懷抱著敬意的人，先從接近這個人開始。

「射人先射馬，擒賊先擒王」是套用在現代同樣有效的一句諺語。

為什麼「是誰說的」才重要？

但是，對於這種不合理的事情卻能行得通，長久以來我始終百思不解。客觀思考來說，「說了什麼」照理說和「是誰說的」應該無關。

比方說，「投票」這個詞彙，在民主國家是件很重要的事，是任何人都能在某個程度上理解的事，呼籲這件事的重要性，和「是誰說的」照理講應當無關才對吧。

然而，現實卻並非如此。

根據科學家艾力克斯・潘特蘭（Alex Pentland）《數位麵包屑裡的各種好主意》中提到，二〇一〇年美國聯邦議會選舉時，Facebook 和加州大學聖地牙哥分校的研究人員曾進行某項實驗。[12]

他們針對六千一百萬 Facebook 用戶，以不同型式發出「去投票吧」的訊息，然後分析使用者的反應。

比方說，對一部分的用戶，只發出「去投票吧」的訊息；隨後發現這樣的訊息實際影響用戶去投票的效果，小到令人失望。

另外一部分用戶，則不是只接收到「去投票吧」的訊息，同時還對他們顯示已投完票的友人照片，結果，訊息所產生的成效改善了四倍。

這個實驗顯示，只靠發「訊息」並不足以提高人們的動機，直接交流對於促進雙方信任的合作態度更是不可或缺。

艾力克斯．潘特蘭並且根據追加實驗，顯示出這個交流形成的壓力，即使和「金錢誘因」的傳統市場獎勵相較，仍有四倍的效果，對於最親近的人則有八倍的效果。

運用這樣的「人際關係」來發揮影響力，還能擴大到其他用途。

比方說，艾力克斯．潘特蘭在「節能意識」方面，也運用這樣的社交網路來達成激勵效果。

一開始的實驗是對於擁有住宅的住戶，給予社區型回饋。自宅的電力消耗量，和其他平均住宅消耗量比較下的獎勵。

比較對象是全國住戶平均時，人們的節電行為幾乎沒有發生任何改變，幾乎看不出節能成效；然而，當比較對象縮小為住家附近的住戶時，人們的行為開始轉變。也就是說，比較對象和自己的關係遠近十分重要，這正是社交網路的效果。

人們信任「同伴」，而不信任「他人」

艾力克斯．潘特蘭下了一個這樣的結論：「人們信任同伴說的話，而不信任他人說的。」

多數的人都對政治家、律師抱著不信任感。但如果是對於個人本身所認識的政治家或律師則懷有信賴感，就是這個原因。

這既會形成不同團體間的差別意識，有時甚至會發展為團體間的抗爭。

多數人重視「是誰說的」的理由，是因為我們的大腦功能中有著「要重視是誰說的」的程式結構。「只要說的內容正確，大家應該都可以理解」，這才是不懂人類本質的愚昧發言。

本節一開始提到的M，並不是特別有人望，但因為十分理解人望的本質，所以擅長掌握人心。

是的，所謂「人望」的本質，就是「獲得同伴意識的能力」。

「中肯的建議」更應該謹慎地提出

前幾天我在推特上看到某個推主被網友指出「邏輯的謬誤」。

網友指出的錯誤是：「這裡不是因果關係，而只是相關性喔！」就客觀性來看，這個批評很中肯，也沒有指責的口吻，只是很客氣地提出錯誤的地方。

然而，那個推主卻怒不可遏地發飆了：「我說的不是這個意思！」然後就把指出錯誤的人封鎖了。

讓我再舉一個例子，這是我某位親戚來我家時發生的事：

這個親戚人很親切，是個很愛照顧他人的類型。他願意奉獻自己的心力，特地遠道而來幫我們做菜，只因為「想燉湯給孩子們吃」。

然而，孩子們卻不太願意喝燉好的湯，他們說：「味道怪怪的」。

那位親戚對孩子們說：「不可以挑食！」但孩子們還是沒把湯喝完。我太太嘗了一下味道後說：「好像有點酸？」可能因此惹對方不高興，所以他反駁說：「本來就是這個味道」。

我太太因為很在意究竟是什麼原因，看了一下垃圾筒後發現，裡面有個「優酪乳」紙盒，看樣子對方可能以為是牛奶而用錯了。

「不肯認錯」的現象，不僅會出現在個人身上，也會出現在組織、制度上。尤其是重視「權威」的警察制度、法律制度更是嚴重。

英國的評論作家馬修・席德（Matthew Syed）曾在《失敗的力量》一書中指出：[13]

一般情況下我們會認為，這些失敗多數都可以找出是在什麼地方出錯，也是仔細審查司法制度缺陷的好機會。然而，警察、檢察官、法官的態度卻不是這樣，他們完全無法接受和自己不同的意見，認為「司法制度沒有缺陷，只是提出異議的傲慢作祟」。

（中略）

根據密西根大學法學院的塞繆爾・葛羅斯（Samuel Gross）教授的研究，得出以下統計數據：

「不論什麼樣的犯人，包括死刑犯在內，若是都能進行冤獄平反的申訴，能證明清白的件數，大概會上升到兩萬八千五百件吧？然而實際上平反成功的案件卻只有兩百五十五件。」

馬修・席德表示：「多數情況下，當人們遇到與自己的信念相反的事實時，不是承認自己的錯誤，而是傾向改變對事實的解釋」。這在心理學的領域，稱為「認知的不協調」。

以前我所屬的顧問公司主管，在工作上是個具有溝通能力天賦的人。他每每遇到狀況發生，總會說「講話方式才重要」。但他所說的「講話方式」相關知識，並非教條而是很務實的。

其中他最強調的一件事是「絕對不可以當面直接向經營者指出公司的問題」。

我覺得很訝異，因為顧問這個工作，不就是要指出公司面臨的困境，然後解決問題以獲得報酬的職業嗎？

我向上司一提出我的疑問時，他回答道：「那麼，如果你在人事績效面談時，有人對你說：『你的缺點就是無法讓同事信任你』，你能夠回答：『你說得對』坦率地接納嗎？」

「這……」

「這就像我們不留情面地直接對經營者批評公司的缺失喔。尤其是公司的經營者、董事等人，並不習慣接受別人指正錯誤。」

我的上司告訴我，尤其不要相信在別人面前看似爽快地說出「有什麼話都坦白告訴我」的這類經營者。

即使當下能夠圓滑收場，過後也絕對不會忘記「被指出錯誤」一事。

過去曾是通用公司總裁的艾爾弗雷德・斯隆（Alfred Pritchard Sloan）是個度量很寬的人。

據說他曾對前來採訪的彼得・杜拉克說「你認為是正確的就儘管直接提案給我」。

然而，就連這麼說的斯隆，卻也這麼告訴杜拉克。[14]

「我身為公司高層五十年，總會覺得自己什麼都了然於心。因此，有必要確認自己是否成了《國王新衣》中的國王。但公司的人卻很難開口告訴我真話。」

也就是說，部下即使了解斯隆寬宏大量，還是會避免「直接指摘」。

歸納後，我們可以得到以下的結論：

1. 人基本上不想認錯，而擅長去改變事實的解釋。

2. 一旦被指出錯誤時，反而有朝向「他討厭我」、「這個人很失禮」去解釋的可能性。

第二點尤其致命。

在網路上互相叫罵或許沒有太大的影響，但是在公司組織或團隊中，一定要設法避免這兩種狀況的發生。

因此，屬於知識勞動的公司，一定要養成「能夠認錯的風氣」。

視情況而異，有時高層應該率先積極認錯。要培養出了解「認錯是關係到學習與改善的寶貴機會」之風氣。

能夠做到這一點的組織，就會非常強大。

比方說，Google之所以能夠不斷吸引高知識人才，就是和前CEO艾立克・施密特（Eric Schmidt）在《Google模式》中所說的，「主管高層隨時能勇於承認錯誤」這樣的「風氣」有很大的影響。[15]

很遺憾的，在日本主張經驗等於說服力的企業很多。意即不是以能力來評斷員工，而是以年資來決定權限的公司，應該稱為「年資至上主義」。

聽到這個令我想起以前Netscape公司總裁吉姆・巴克迪（Jim Barksdale）所說的：「如果我們有數據，就讓數據來發聲。如果我們僅僅是意見不一，那就得聽我的。」

這幾乎就像電影星際大戰中的達斯・維德以黑暗原力掐住攻擊者的喉嚨，摧毀一個星球的時代般令人懷念。

我過去以顧問的身分出入許許多多公司，見識過太多「不認錯的組織」。

在那些公司，不論是地位高、地位低、資深員工或菜鳥都一樣，只要一被指摘就會立刻生氣。

但是，就算生氣能保住自尊心，公司的情況也不會有所轉變。

相反的，我也見過少數「能積極認錯的組織」。在這樣的公司，重視的是真正意義的「知識能力」，換句話說，他們重視的不是「面子」、「自尊」，而是「實效性」及「勇氣」。

不用說，不願意認錯的公司將漸漸衰退，而勇敢認錯的公司則會有所發展，這才是世界運轉的道理。

說對方想聽的事情是溝通關鍵

社會上有著形形色色的人，遺憾的是，其中總是會有講話老是「答非所問的人」，比方說以下的案例：

上司：「你在日誌上寫昨天拜訪了三位客戶，其中有沒有可能接到訂單的客戶，請你再報告一下。」

部下：「啊，有件事讓我感到很困擾。客戶問我有沒有關於公司概況的詳細資料。」

上司：「（我不是叫你報告成果嗎……）公司簡介應該在後面的櫃子！」

部下：「那個不行。」

上司：「為什麼？」
部下：「因為客戶想要不一樣的。」
上司：「（蛤？你先回答我的問題才對吧？）我問的是『為什麼不行』，你先告訴我原因。」
部下：「我覺得我們的公司簡介，在服務方面的說明不太充分。」
上司：「我問的不是你的意見，而是問你客戶說了什麼。」
部下：「就是我剛剛說的『客戶想要不一樣的簡介』。」
上司：「（煩躁）你沒有問客戶，為什麼這份公司簡介不行嗎？」
部下：「嗯……我想……應該就是像我剛才說的，服務方面的說明不太足夠吧。」
上司：「（煩躁到了極點）我已經說了，我不是問你的感想，而是客戶說了什麼？」
部下：「啊，我沒問客戶，但我猜應該是服務方面的簡介不夠清楚。」
上司：「（原來你根本沒問）……我知道了，反正你沒問客戶就是了。那麼，為什麼你會覺得是服務說明不足？」

部下：「其實我之前就有讓客戶看過公司簡介，結果對方卻在看服務內容時提出很多問題。」
上司：「客戶問了什麼樣的問題呢？」
部下：「細節我忘了。還有，對方希望能簽署保密合約。」
上司：「（不要擅自換話題好嗎？）好了，保密合約的事等一下再說。回到原先的話題。」
部下：「好。」
上司：「就是我一開始說的，昨天訪問的三位客戶，請你報告一下成果。」
部下：「如果是這個部分，昨天我和客戶談得非常熱絡。」
上司：「（蛤？）談得非常熱絡是成果？」
部下：「我們正好是同一個學校畢業的。」
上司：「（回答我的問題好嗎？）所以，好像有機會套交情，這是你要報告的成果？」
部下：「這，不能算成果嗎？」

上司：「（你到底在講什麼？）和客戶交談熱絡是手段，業務成果總不會是指這個對吧？」
部下：「可是，和客戶的人際關係也很重要呀！」
上司：「（這小子是笨蛋嗎？）我一開始應該就說得很清楚了，『報告有可能會下訂單的成果』。」
部下：「啊，抱歉，客戶目前看起來沒有要下訂單的樣子。」
上司：「……（怒）」

溝通時常會發生牛頭不對馬嘴的狀況。如果是在聊一些可有可無的話題還可以忍耐，如果是工作，那就相當困擾了。

這種情況下，很遺憾的，只能說部下的溝通能力明顯不足。

以下四點尤其糟糕：

沒回答問題

主管的要求是「請報告成果」，以「客戶想要不一樣的資料」根本算不上回答問題。

性情好的主管，還會像上面的對話般聽你敘述，但內心難免會覺得「這傢伙是笨蛋」，如果遇到開會的場合，連別人的時間也被你剝奪了。

針對問題回答，不要答非所問。

無法區別自己的意見和他人的發言

主管問的是「為什麼客戶說不要這份公司簡介，而想要其他資料」，下屬陳述的卻是自己的意見，「我認為服務內容的說明不足」。

客觀的事實和主觀的意見混淆不清，也是被主管認為「沒有能力的部下」的一個主因。工作上必須清楚區別事實和意見。

擅自改變話題

主管詢問「客戶問了什麼樣的問題」，卻擅自轉換話題，回答「客戶說希望能簽署保密合約」。

雖然確實是當時客戶所提到的內容，但不斷轉換話題的結果，什麼結論都沒出現，只是任憑時間一分一秒流逝，這樣的情況也時有所聞。

雖然可以理解希望讓想陳述的某個內容變成話題，不過還是必須等一個話題結束，再轉到下一個話題才是。

沒有思考對方想聽的事情

溝通最基礎的一個部分，是「說對方想聽的事」。然而，對溝通漫不經心的人，卻時常無視對方的用意。以上面的例子來說，儘管上司說的是「報告這次有沒有可能下訂單的成果」，部下卻沒有深刻思考，主管口中的「成果」是什麼，就隨自己的心意發言，因而產生重大的溝通疏失。

上司若是一再詢問同樣的事情，部下就應該確認上司的用意，比方說：「您是要我報告和下訂單有關的成果，是嗎？」

如果是閒話家常，即使和對方談的是風馬牛不相及的事情，對話仍然可以進行，這也是人類厲害的地方，然而在工作上若是發生「風馬牛不相及」的狀況，很可能會產生重大的問題。

雖然是理所當然的事，但是如果可以注意以下四個要點，溝通效果將能產生劇烈改變。

・確實回答問題。
・區別事實與意見。
・不要擅自轉變話題。
・時常確認對方想聽的內容。

如果下次對方對你說「我不懂你說的事情」，那麼你很可能就是犯了這四項之中的某一項問題。

只想吵贏的人，會錯失更好的可能

在我擔任顧問期間，經常有目睹「議論」的機會。說是「目睹」，是因為我幾乎沒有參加這些議論。

這是因為公司有項原則：「和客戶絕對不能議論，只能讓客戶彼此去議論」，因此我始終堅守這個原則。

也因為這項原則，我身為第三者，在各個不同的公司，有許多從旁觀察議論的機會，從這些經驗中，我發現了一件事。

那就是——「擅長議論的人」和「不擅長議論的人」有非常清楚的分界。當然，每個人對於「議論」這個詞彙的印象都不同，首先要弄清楚的是「議論」的定義。

《廣辭苑》的定義如下。[16]

【議論】彼此闡述、互相討論自己的主張。爭辯意見。或其內容。

我所見過的絕大部分議論，都是會議、討論等，「兩人以上針對議題提出意見，說服他人的行為」，所以符合這個定義。

具體來說，議論在「會議」、「交換意見會」、「研習會」等各種場合發生。那麼，「擅長議論的人」具有什麼樣的特長呢？

擅長議論的人不在意「勝負」

最重要的一個原則，是擅長議論的人幾乎不在乎「勝負」。

即使他們所說的內容遭到否定，也幾乎毫不在意。

這是因為他們的目的不是「在議論中獲勝」，也不是「讓別人見識到自己的智慧」，而是「透過議論，產生好的創意」。

因此，他們必定會藉著對方的發言，找出更好的創意。

「原來也有這樣的觀點呢！」
「之前都沒發現！」
「請告訴我理由。」
「這樣更棒耶！」

像這樣順水推舟地接納對方的意見。

另外，不論多麼平淡無奇的意見，他們也不會露出一副「說什麼蠢話」的態度，而是設法探究「為什麼他會這麼說呢？」

因為他們知道，這麼做才能提高產生「優秀創意」的可能性。

擅長議論的人，先論述「事實」

我的同事中，有極擅長議論的人，他們總是先從「確認事實」開始進行議論。比方說如下的發言：

「首先，客訴在這半年間增加了，這是真的嗎？增加到什麼程度呢？」

「年輕業務的能力不足，這句話的根據是什麼呢？」

「報告中提到，最近在同業競爭時，競標落敗的情況很多，那是到什麼樣的程度呢？」

相反的，不擅長議論的人，往往沒有把握住「事實」，只會以無憑無據的「我總覺得……」開始論述，以致被問到數字或確認事實的方法時，就啞口無言。

「擅長議論的人」時常會注意排除成見或先入為主的想法。

擅長議論的人，不會標榜「應該論」

不擅長議論者的一個特徵，就是對於「應該論」的堅持。

堅持「應該論」，就等於表達「老子不會改變看法」，將使得議論停滯不前。例如某家服務業的狀況如下：

有幾位營業員表示：「光是既有客戶就應接不暇，沒有時間開發新客戶」而找上司商量。

因此上司便召開研擬對策的會議。

在會議上，年輕的營業員提案：「一部分的既有客戶，花時間也無法提高營業額，這樣的客戶應該區隔開來比較好。」

結果一位資深人員U表示：「不論是什麼樣的客戶，都應該慎重對待。」

有幾個資深人員也贊同這個意見。

年輕的營業員對此提出反駁：「我明白您所說的，但目前的狀況實在做不到。比方說我負責三十家公司，其中三家的客戶就占去將近一半的時間，但相對的，這三家的營業額，只占全部營業額的兩成左右。」

資深的U惱羞成怒：「三十家而已是在鬼叫什麼？那單純是你工作效率太差吧？死守給你的客戶名單，是營業人員的任務！」

年輕的營業員可能覺得「再爭論下去也白費工夫」，因而沉默不語。

在尷尬的氣氛中，上司打破沉默，對年輕的營業員說：「好了好了，你應該了解U（資深人員）為什麼說『不論什麼客戶都要慎重對待』吧？」

「……明白。」

「選擇客戶很容易營造出我們好像高高在上似的形象，這一點千萬要注意。」

「這點我明白。」

「不過，沒有辦法開發新客戶也很困擾，U你認為該怎麼做才好呢？」

突然被徵詢意見的U，顯得有些焦慮：「……嗯，我想應該要提升業務的效率。」

上司接著又問：「你說得沒錯，我了解你說的，但具體來說，應該怎麼做才能提升營業的效率呢？我認為這非常重要。」

這個上司因應的態度十分柔軟，既考慮到提出「應該論」者的情緒，也極具技巧地要求年輕人和資深人員提出具體方案。

像這樣的人才應該稱他們為「高明議論者」。

擅長議論者不會忘記「議論的目的」

擅長議論的人，不會忘記「議論的目的」。這道理看似理所當然，卻極為重要，很多人一不小心就忽略了這點。

尤其是熱烈討論的議題往往各種意見百家爭鳴，不知不覺就離題而糾結在與原先目的毫不相關的討論中，這種情況時有所聞。

我認識一位前輩很擅長掌控議論目的，不會讓談論內容離題。

他必定會做的是以下三個步驟：

一、先從確認「這次討論的終點」開始。

➊ 問所有與會的人「今天的目標是〇〇對吧？」

二、把「這次討論的終點」揭示在所有人看得到的位置。

➊ 表明「今天要進行到這個部分」，然後在白板上寫下目的。

三、寫出「這次討論的終點」才結束。

⬇ 確認「今天討論的結論是這個內容，沒問題吧？」然後結束討論。

擅長議論的人，只討論「具議論價值的內容」

前面舉出議論的重要技巧，但最重要的，其實是「只討論具議論價值內容」的態度。

我在這一節的開始，寫出「顧問公司『和客戶絕對不能議論，只能讓客戶彼此去議論』」的原則。

至於為什麼要遵守這樣的原則，是因為實際上「顧問並不是決策者，也不是執行者」。

和客戶議論，即使因而誕生創意，若是不符合客戶的能力範圍，一點意義都沒有。

而且，若是客戶無法自豪「這是我們的創意」，也就不會有責任感。

因此，我們應該做的，是「協助客戶設法讓他們的議論開花結果」。

所以，「客戶和顧問的議論」幾乎毫無價值。最多只是滿足顧問自身的表現欲而已。

幾乎所有的人都曾面臨過覺得「這次議論毫無成效」的經驗吧？

議論中需要許多資源，為了實踐其結果需要更多資源。

就結果來說，最後歸納出「不要議論還比較好」的結語也占了相當高的比例。

比方說，網路上也有各種形式的議論，但其中絕大部分對多數的人而言，都是「可有可無」吧？

因此，參加議論前，一定要問問自己：「這場議論是否具有值得將我人生中的一部分光陰用來參加的價值呢？」

人們總對「可能的損失」反應過度

強者常會說：「享受改變吧！」

我也曾在許多家公司中聽到這句話。

這句話並不能說絕對是錯的。他們能致勝的是應對能力，以企業來說，組織僵化絕對不可能永續經營。

然而，「享受改變」有時也會成為引起反彈的詞彙。因為，這是只有強者才會說的話。

以前曾遇過一位不厭其煩地要求自己與員工，要具備「隨機應變」能力的經營者。想想他會這麼要求也是自然，畢竟公司是否能符合客戶要求而改變，是他作為經營者的必要任務。

有一次，這位經營者大幅度地改變人事考核制度。

重視「能產生利潤的業務」勝於「提高營業額的業務」，從而考核「能負擔新事業的人」。

這位經營者的做法，從「公司存續」的觀點來看，是再理所當然不過的，但公司的資深人員卻產生極大的反彈。

這是因為，以往「表面看起來的頂尖營業員」，將成為平凡的營業員。

經營者主張「隨機應變是必要的，應該轉變為重視利潤」。

對此，考核績效下降的一部分資深人員雖然表面上沒說什麼，卻累積了相當程度的不滿，「無法認同隨經營者高興的改變」。

話雖這麼說，這群無法認同的員工因為自身實力不夠強大，所以也無法因為對經營者不滿就換工作。

他們成為「不滿分子」，繼續留在公司，一逮到機會就向年輕人吐露對經營階層的不滿：「說好聽一點是隨機應變，但只是隨著個人喜好就翻臉不認帳罷了。」

當然，年輕人也不是笨蛋。很少人會把這些資深人員的話當真。

不過，年輕人也會感到不安，因為主張「隨機應變」的經營者，不知道哪一天又會改變考核標準。

一旦環境改變，誰都有可能「落馬」，其中一個年輕人便說：「我覺得，我也不是不能了解資深人員的心情……」。

結果，把事態發展看得很嚴重的經營者選擇讓步，發表了「資深人員的考核，在這三年期間還是沿用舊制」的規章，試圖解決整個情況。

人們對於「可能發生的損失」往往容易反應過度。

以「改變」為例，有「人事制度變更」或「轉職」等。

然而，產生新契機的同時，也有可能必須擔心薪資下降，或是不習慣新職場等問題。

對於置身改變漩渦中的人而言，改變是利益或損失兩者並存的「賭博」。

然而，「賭博」未必會受到歡迎。比方說，想像如下的情況：

你被邀請參加丟銅板的賭局。

倘若出現反面，你要給一百美元。

若是出現正面，你可以得到一百五十美元。

這個賭局會吸引你嗎？你會想參加嗎？

如果期望值為正，照理說應該沒有人會不參加，然而，實際上會參加這類賭局的人卻很少。

這是因為對大部分的人而言，「損失一百美元的恐怖感」比「獲得一百五十美元的期待感」更加強烈。

即使只是不大的金額，基於「賭看看也沒關係」的心理，贏錢時所獲金額的感受強烈程度，輸錢時卻會上升到一點五倍至二點五倍。

另外，希望你想像一下這樣的「賭局」：[17]

你手上的財富增加了一千美元，請你從以下兩個選項做出選擇。

你有百分之五十的機率獲得一千美元，或確定獲得五百美元。

多數的人都會選擇「確定獲得五百美元」，這是因為如果賭博輸了而沒有拿到一千美元，心理上會產生「損失」的感受，因而選擇「確定獲得五百美元」。

人們都「很討厭損失」，而且，當賭博的金額越大，人們越傾向選擇規避損失。

即使有可能獲利，但只要損失的可能性上升，就會讓人們覺得「討厭」。

喜好「改變」的人是什麼樣的思維呢？

上述的公司輕率地推動改革因而導致失敗，就是因為小看人們的「規避損失」心態。

然而，世界上也有人喜愛「隨機應變」，究竟在什麼樣的情況下，人們更喜愛「隨機應變」呢？

事實上，據說「人在看起來只有壞的選擇時，會偏好選擇風險」。

比方說，稍微改變一下剛剛的問題，結果會變成什麼樣呢？[17]

你手上的財富增加了兩千美元，請你從以下兩個選項做出選擇。

你有百分之五十的機率損失一千美元，以及確定損失五百美元。

這個問題的有趣之處，在於多數人會選擇「百分之五十的機率損失一千美元」。

也就是說，當「只有壞的選項」時，幾乎所有的人所做的判斷都是「與其確定損失，不如賭賭看，說不定有機會能不要損失」。

這裡有著偏好或討厭「隨機應變」的界限。

能享受改變者，是強者的證明。多數經營者或工作幹練的人之所以偏好「隨機應變」，就是因為這個特質。

他們多數認為「維持現狀確定會使今後的狀態轉壞」，所以與其坐等情況惡化，不如賭賭看更符合心理反應。

另外，這也伴隨著「掌控的樂趣」。

然而，並不這麼認為的人也占了相當高的比例。

弱者並不認為「能夠掌控自己的人生」，實際上他們也常被所處的環境擺布。他們會產生疑問，「明明維持現狀比較輕鬆，為什麼要刻意去改變呢？」

而且，當有人企圖去做某些改變時，因為認為「比現狀惡化」的可能性大於「現狀好轉」，所以會因為規避損失傾向的作用而產生反彈。

對他們而言，「維持現狀」是安全的最底限，除非能評估出正向的結果，否則他們是不會輕易贊同改變的。一想到新科技或許會剝奪自己的職務，或是新的工作方式或許會使自己的收入減少，他們便會感到恐慌，因此，更無法認同改變現狀。

即使有人對他們說「享受改變」，他們也無法接受，甚至因此生氣也不是沒有道理。

雖然說，能「享受改變」就證明了具有強者的特質。但換個角度想，若改變是發生在國家或組織的運轉上，並不能只依賴少數強者，也要兼顧整體才行。

跳脫同溫層後的失敗，往往更讓人後悔

我認識一位在某家大製造業任職，即將四十一歲的上班族。

他一畢業就進入這家公司當營業員，在公司不同單位間異動，服務了這間公司近二十年的時間。

有時也曾被調至偏鄉工作，但他開朗、平易近人的性格，不論到哪裡都能做出一番成績。

然而，最近他卻失去了工作上的活力。

「工作差不多就好，我更重視和家人相處的時間。」他雖然開朗地這麼說，偶爾卻抱怨「升遷大概沒希望了」。

他現在的職位是「副課長」。「副課長」在他們公司是一般職員升遷的終點，是無法升到「課長」的，也就是管理職的員工大量滯留的職位。

實際上，他們公司有大量五十多歲的「副課長」，他們應該都會以這個職位待到退休。

以他目前待的公司就現行制度來看，能夠升上課長最後的年齡是四十二歲，超過這個年齡才升上課長的人數，幾乎等於零。

換句話說，明年將是他「升上課長的最後機會」。

但是，升遷之路看來似乎並不樂觀。

他現在的頂頭上司沒什麼力量，完全看不出有任何會設法讓他升上課長的指望。

看到比自己年輕的員工每年被拔擢升遷，他既不是嫉妒也不是放棄，而是一種「什麼都說不上來的心情」。話雖如此，他現在的待遇並不差。

和學生時期的同儕相較之下，他的薪資算是相當高的，而且，公司也提供了住宅補助、企業年金等各項給員工的優渥福利。再加上這家公司到目前從未實施過裁員。

如果抱持著「就這樣依靠公司安然度過餘生」的心態，應當也能如願以償。然而，最近卻不斷地發生令他的心情騷動的事。

「原因是現在那些二、三十歲的年輕人。」

近年來的年輕後輩，並不像自己以往那樣，抱著對上司或前輩的敬意，一步一步腳踏實地往前進。即使工作還算恰如其分，但卻經常抱怨「這有助於績效考核嗎？」

他雖然想勸導他們「只要好好努力，一定會有人看見」，但自己也尚未在公司出人頭地，所以立場無法很堅定。

他的上司也只是好整以暇地說：「年輕人都是這樣吧？」

然而，其中一個年輕人終於表示「我要辭職」。

他告訴我：「那個年輕人聽說是跳槽到外資公司。以前就聽說我們公司是外資公司的跳板，原來是真的。」

年輕人跳槽的公司是某家著名的外資製造商營業部，薪資也相當優渥。和同期進公司的同事一談之下，原來其他部門也有類似的情況，雖然曾聽說外資公司的作風是「沒有拿出成績就炒魷魚」，但內心卻無法平靜。

「我打從心裡羨慕他們，年輕真好。他們還有可以挑戰的時間，還有重新來過的機會。」他說。

後來他聯繫我，據他說「已經在轉職服務處登記，參加面談」。

然而，看起來年紀比他小了一輪的服務代理人卻對他說：「以你現在的待遇來看，不建議你轉換跑道。」

他問代理人：「為什麼？」

代理人委婉地告訴他：「缺乏專業技能，期望的年收入、職位和企業方面的需求並不相符。」

「在公司的升遷競爭敗下陣來固然痛苦更慘的是，不知不覺中已經被這個社會視為『派不上用場的人』。」

我聽了以後問他：「若是要換工作，年收入大概會減少到什麼程度？」

「大約會減少百分之二十五。另外，津貼也會減少，所以實際上可能會少更多。」

「百分之二十五是你所能接受的範圍嗎？」

「嗯……說實在的相當困難。」

「如果留在現在的公司，你不認為會有風險嗎？」

「我們公司很安穩啊。」

「我指的不是公司的業績，而是被公司政策擺布的你唷。今後待遇也有可能被削減不是嗎？」

「我想我們公司應該不至於……」

因為我看過他們公司的財報資料，所以並不覺得有那麼樂觀，甚至就我個人評估其實是有些危險。

「不過，業績並不怎麼好唷。」

「其他公司應該也差不多吧？」

確實就如他說的，結果到頭來，不論去哪裡，都是「全看自己」。

我不想事後招來他的怨恨，因此也不敢置身事外般力勸他換工作。

連續劇或漫畫中常會看到「不採取行動，一定會大大後悔」的言論。這不是真的，事實上往往相反。

丹尼爾・康納曼在《快思慢想》中，關於「就心理學來看，做了與平時不同的行動而失敗，人們的後悔更深」這點，做了如下的說明[18]：

> 人對行動所產生結果的情緒反應，大於不行動所產生結果的情緒反

應，這樣的情緒反應包括了悔恨。

（中略）

事實上，重點不是在於做或不做，而是在預設的選項上和偏離預設選項的行為之間的差異。當你偏離預設的行為時，你很容易想像常模——因此偏離預設行為而發生不好的結果時，就會嘗到更大的痛苦。

（中略）

像這樣的悔恨風險呈現不對稱。人們容易傾向維持保守而迴避風險的選擇，這樣的偏誤可以在很多情境中看到。

要是我強烈地推薦他換工作，而日後當他失敗時，他的後悔恐怕會更大。人力資源管理的諮詢人員，應該很清楚這一點吧？

像我認識的這位友人般，在大公司服務，不太有機會能客觀了解自身能力的人，傾向保守選擇並不是件不可思議的事。

對於認為成功比失敗更理所當然的人而言，換工作的門檻驚人的高。

一般來說可能會認為成功比失敗更理所當然，其實在商場上「失敗」才是預設結果。

他無法在公司出人頭地的原因，正是在這裡。他直到四十一歲都沒有「失敗」過。也就是說，他從來沒有真正去「挑戰」。

相反的，他所欣羨的二、三十歲年輕人則勇於挑戰。他們很可能會在換工作後失敗，但這樣的經驗必定能在他們的生涯中派上用場。

那麼，四十一歲的他究竟該怎麼做才好呢？

當然，以平凡的上班族生涯過一輩子也未必不好。重視私生活，不要把重心放在工作上，而是轉移到個人嗜好或志工等，也是不錯的選項。

但是，若是希望「對自己能引以為傲」，不論是工作或其他事項，勢必無法避免挑戰，必須嘗試踏出舒適圈才行。

或者應該說，只有突破困難，才能建立「真正的自信」。

想要安定？還是想要挑戰？

實際上這是關乎價值觀的問題，也是生活方式的問題。

後來我又接到他的聯繫。

「我想在目前的公司再繼續努力看看！」他說。

你是否也因為自我的喜好而倒果為因？

當議論中一直無法取得共識時……

對於得理不饒人，教人氣得牙癢癢的傢伙，有時真希望贏過對方不是嗎？話雖這麼說，但對於那些擺出「高高在上」姿態的人，不知為何總是很難贏過他們。

比方說以下這樣的狀況：

某家顧問公司的年輕人，打算使用Facebook來提供會員公司資訊。年輕人很快地去找經理商量。經理對他說：「經營者不會去看什麼Facebook吧？」

「不，我想有在使用Facebook的經營者也很多。」

「至少以我們公司的客戶來說，老字號的企業相當多，沒在使用

Facebook 的經營者應該很多。」

「或、或許是這樣，但也有年輕的經營者呀。」

「話說回來，要是使用 Facebook 後，有人寫下奇怪的留言要怎麼處理？你能負責嗎？大概有多少風險，你確實評估過了嗎？」

「……沒有。」

「我就知道。你原本打算用 Facebook 傳送多少資訊？」

「我覺得可以刊登公司發行的電子報的其中一部分內容，我想會員應該也能因而增加。」

「你要經營者特別去開一個 Facebook 帳號？經營者不會這麼做吧？說起來，你覺得會有多少經營者願意登錄？還有，你打算在上面花多少時間？」

「內容如果以電子報的轉載和研討會精華為主，我想應該不會太費事……」

「你覺得合乎性價比嗎？你試算過嗎？」

「對不起，我沒試算……」

「要是毀了我們的招牌要怎麼辦？如果被灌爆留言或是誹謗中傷呢？之

前我不是跟你提過有個因而引起訴訟的新聞嗎？」

「那麼這次的計畫就先暫緩好了……」

像這樣被一一駁回，感到悔不當初的人想必不在少數。

究竟要如何贏過得理不饒人的對方呢？

這裡介紹在《快思慢想》中的一個重要知識[19]。

認知科學領域中著名的美國俄勒岡大學心理與決策學教授保羅・斯洛維克（Paul Slovic）曾說，「我們的預期」會因為「接觸訊息的頻率，或是情緒強度而產生扭曲」。

我們在多數的情況下，遇到困難的問題，習慣以「我對於這件事有什麼想法」來回答，而對於簡單的提問，則習慣以「我是否喜歡」來回答。這就是所謂的「情意捷思」（affect heuristic）。

史洛維克並對此進行了實驗來驗證。

他要求參加人員表達對於自來水添加氟、化學工廠、食品防腐劑、汽車等科技的個人好惡後，再要求他們分別寫出這些科技的好處和風險。

結果發現：

・對某項科技有好感時，他們會對好處給予高度評價，卻幾乎不思考其風險。

・相反的，當他們討厭某項技術時，他們會強調風險，而幾乎想不出任何好處。

更令人驚訝的是，「英國毒物學會」的會員也幾乎是同樣的回答。也就是說，就算是專家，照樣會輕易地依個人好惡下判斷。

我上面舉出的對話實例，經理實際上並未進行真正的檢討，他的內心很可能只是產生如下的「情意捷思」：

⬇「我搞不清楚 Facebook。」

⬇「討厭不知道的事物。」

⬇「討厭的事物不會有效，風險很高。」

所以，若以這樣的方式應對或許會好一點：

「經營者不會去看什麼 Facebook 吧？」

「不，我想有在使用 Facebook 的經營者也很多。」

「至少以我們公司的客戶來說，老字號的企業相當多，沒在使用 Facebook 的經營者應該很多。」

「不，也有年輕的經營者，請您看看實際的數字。」

「話說回來，要是使用 Facebook 後，有人寫下奇怪的留言要怎麼處理？你能負責嗎？大概有多少風險，你確實評估過了嗎？」

「您說得沒錯，我想確實會有風險，不過，經理您是否想過，若是使用 Facebook 會有多少優點嗎？」

「好處？」

「是的。」

「為什麼我必須想這種東西！」

「這是因為人類有一種思維稱作『情意捷思』，好比說經理對 Facebook 很明顯地只強調它的風險，人們對於不喜歡的事物，很自然會只看它的缺點，因此，為了客觀評估，我希望經理是否也能想一想有什麼優點。」

「喔……是嗎？」

怎麼樣呢？

事實上，「情意捷思」中也存在著「因為思考優點，結果變成喜歡該提案」的偏誤。

讓經理積極思考好處，應該就會贊同你的提案，這麼一來就萬事ＯＫ。

順便一提，當提出「情意捷思」的時候，要是經理發火了，至少在邏輯思考上可以取勝吧？

但是這個做法也有可能招來經理的厭惡，這又是另一個問題了。

改變的勇氣也有最佳期限

有一個剛畢業的新人，他對自己的能力很有自信，雖然不是百分之百符合理想，但對於能進入自己抱持高度期望的公司感到很滿足。

和同樣是剛畢業的新人一起在研修中互相切磋琢磨，有時他們的小組也獲得很高的評價，讓他對未來充滿希望。

當新人研修結束後，決定分配部門，但令他驚訝的是，他沒有被分配到期望的部門。

「研修時我那麼努力，究竟為什麼？」他的內心浮現疑問。

即使詢問人事部門原因，得到的回答卻只是「無法告訴你理由，我們所考慮的是適性」。

他只能說服自己，「世上原本就不是任何事都能盡如人意」。

他被分配到的部門是營業部，這家公司的營業部出名的嚴格，即使是新人也會被要求達成相應的目標。他被要求的是接下來的一個月當中，達成以下兩個目標。

- 出席某個展示會，從當中收集到一百張名片。
- 以一星期二件的標準，成功邀約電話約訪。

雖然他認為「真是討厭的工作」，但前輩對他說，「大家都是透過這個方式，學習營業的基礎」，因此他只好下定決心去達成。

結果，在展示會中取得名片雖然總算達成日標，但他十分不擅長電話約訪，結果連一次都沒達成目標。

由於事關自尊心，因此他很努力。他向前輩借來約訪文稿，不斷練習，錄下自己的聲音重複確認。

然而，他還是沒有達成目標，看著被表揚的同事，他深深體會到「有些事情努力也未必會得到回報」。

新人時期結束，他成為正式的營業員，開始負責與顧客交涉。

他負責十間公司，加上開發新顧客的幾間公司目標值，兢兢業業地展開活動。

但是，他負責的顧客中，有一間公司是出了名的棘手，是一間不僅交易金額龐大，還必須慎重以對的顧客，而這間公司卻時常提出不合理的要求。比方說像以下這樣的狀況：

- 假日也因為客訴被找去。
- 該公司的負責人是個重視細節的人，就算只是小小的疏忽，也會被罵得狗血淋頭。
- 要求放寬條件，給予特別折扣，對負責人進行個別招待。

他被迫面對「商場買賣的現實」，他從滿足客戶的要求當中，學會了「如何長袖善舞以避免引起風波」。

經過四年，他第一次調動到其他單位。

新配發的部門，是為了新事業擴展而成立的部門，他因為很不喜歡現在的工作，提出「希望擔任其他職務」的需求，而被調到這裡。

「我還不能放棄在這家公司努力」他重新燃起希望，在新的工作職務上拚命。然而，他的期待只過了一個月就被潑了冷水。

新事業擴展非常困難，公司便宜行事製造不符客戶需求的新商品，完全無法讓客戶真正順利運用。

發布的新聞稿雖然亮麗，吸引了大量關注，但卻完全接不到訂單，第一線表示「需要從頭改良商品」，負責的決策幹部則表示「這會和其他部門互搶客戶，不能改變商品的結構」。

不用說，他的考核降到最差，獎金也大幅縮水。這個經驗讓他學到「公司這種組織，只要發展新事物就會蒙受損失」。

他被調回原來的部門，新事業擴展小組宣告解散。

經過七年，他逐漸在工作上展現成果，甚至留下月間最高業績的成效。他切身感受到「果然腳踏實地才是最好的」。

現在他負責的客戶中沒有麻煩製造者，上司也對他非常信任。

從他進公司到現在，他第一次感受到「我很有工作能力」；然而在最近，他斷斷續續聽到一些同事升遷的傳聞。

每次一聽到這些傳聞，就讓他萌生自己也能晉升的希望，他希望工作成果獲得認同，能有實際的回報。

上司也對他說「今年應該有機會吧」，讓他充滿期待等著考核有好消息。然而，他卻沒有獲得升遷。

相對的，和他同時進公司的其他同事，皆因考績良好而紛紛順利升遷。他覺得難以接受，「我的績效比他們好，工作比他們有能力……」。然而他向上司詢問理由，卻只得到一句「明年再加油」就沒下文了。

就在這時候，他聽到一個傳聞。

根據傳聞，同期所在的部門主管，比他所屬的部門主管更得到社長的信賴。「這就難怪我們的部門只有一個人晉升，他們卻有三個人晉升了。」他忍不住這麼想。

他因而體會到「公司這樣的組織，有太多光憑實力也無可奈何的事」。

在公司的第九年，某天他突然心生「轉換跑道」的念頭。

據說有個熟人換工作，如今到了一家有名的新創企業上班，讓他既羡慕又嫉妒。

「這麼說來，自己的市場價值究竟到什麼程度呢？」

他在網路上找到某家大型轉職服務的媒合公司，向職涯諮商人員詢問自己的市場價值。

「在業務上相當有能力，嗯……大概是這個樣子吧……」

對方為他計算可能跳槽的公司及年收入的預估，和他想像中的差距相當大，事實上，依介紹公司的評估，他並不被認為是「可以大力推銷出去的人才」。他感到很沮喪，完全喪失換工作的念頭。

「工作實在太無趣了……」

他又學到了——工作就是忍耐，忍耐著去做那些，沒什麼大不了，又窮極無聊的苦行。

如今到了第十二年，他的底下又有新人進來。

這個新人和以往分發來的順從新人不同，對上司或前輩講話直言不諱。

「這種做法太沒效率了！」

「應該有更多其他能做的事才對。」

這個新人精力充沛，違反公司規則的情況也屢見不鮮。

比方說，新人被要求的每個人分配的電訪或收集名片的責任額，他擅自和同期的新人編成小組，分為「電訪小組」及「名片收集小組」，試圖以更好的效率去達成。實際的成果也很好，專門分組避免時間的浪費，透過知識共享，讓事情更順利地運作。

然而，這個做法從公司的立場來看，是有別於傳統作法的「違反規定」。

當然，他也告訴新人：「不要違反規定。」

結果新人反駁：「這太奇怪了吧？結果才重要不是嗎？如果可以獲得更好的結果，那麼應該改變做法才對吧？」

但是他無法認同，告訴新人：「照公司決定的做法才重要。」

新人彷彿瞧不起他的樣子，回他一句：「好啦。」

幾個月後，那個新人離職了。

聽說那個新人經由熟人的介紹，跳槽到前不久上市，前景十分看好的公司。他毫無羨慕之情，對於改變他已經產生了抗拒，無法忍耐自己的做法遭到批評。

他所學到的一切都在告訴他：

「不能去改變，自己根本沒什麼大不了的」。

好的「讀解能力」能左右人生

我在從事顧問工作時，很驚訝竟然有那麼多人「聽不懂我要表達的是什麼」。但是上司卻對我說：「對方不懂你要表達什麼，那是你的錯。」

我說出自己的不滿時，主管很嚴厲地教訓我：「我不管你的情況是什麼，你用國中生也可以理解的標準去說明。不管是文章還是資料都一樣！」

但是，我當時卻認為：「這麼做對社會人士豈不是很失禮嗎？」把成人當國中生對待，讓我覺得很難為情。

不過，後來讀了養老孟司所寫的《愚蠢之壁》[20]之後，我對上司所說的，多少有些理解。

我們在生活中常可以遇到，和不想知道而拒絕聆聽的人，有理講不清的狀況。這種情況擴展時，引起的就是戰爭、恐怖攻擊、民族或宗教間的紛爭，比方說伊斯蘭基本教義派和美國之間的對立，雖然規模很大，其實是同樣的原理產生的。

稍微困難的事就不想去理解、想避免麻煩的事情。因此，不想知道的事就拒絕傾聽，這世上有很多這樣的人。

上司指出的「用國中生也可以理解的標準去說明」、「一定要讓對方願意聽得進去」是從事顧問生意必要的條件，的確是我犯了錯。

在我讀了AI研究者的著作《當AI機器人考上名校》後，我更是有極大的感觸。[21]這是由「AI機器人是否能考上東大」的研究計畫聞名的數學家新井紀子出版的著作。

這個研究計畫內容是二〇一一年國立情報學研究所開始的「機器人是否能考上東大」。

直到二〇一六年在大學入試中心考試都取得高分，以二〇二一年通過東大入學考試為目標的「東Robo君」的AI（人工智能）開發持續地進行。

這本書大致可分為前半及後半，前後的氛圍截然不同。

前半主要是有關提供給ＡＩ的正確資訊。雖然引起「ＡＩ將超越人類」的騷動，但其實是杞人憂天，因此書中的前半進行了ＡＩ的原理說明。

書中說明了許多技術上的規範，以結論來說，ＡＩ的弱點如下：

「ＡＩ無法理解『意思』」

比方說，蘋果的 Siri 無法辨別「附近好吃的義大利料理餐廳」和「附近難吃的義大利料理餐廳」。

因此，在現階段判斷ＡＩ「無法獲得考上東大所需的知性」。

然而，問題出在後半。

這本書應該關注的焦點不是ＡＩ是否能考上東大，而是這項ＡＩ研究中獲得的副產品——那就是實際上「有相當多學生考試成績輸給應該不了解『意思』的ＡＩ」，這是怎麼回事呢？

假設「是否有相當多的學生，其實並未好好地研讀教科書」，為了證明這個假設，在各地學校讓學生接受閱讀能力測驗，調查其中傾向。

比方說，若不是「讀解能力強的人」，將無法正確地回答這個題目。請大家一起試著閱讀以下的文章：

> 澱粉酶這種酵素，雖然能促進分解由葡萄糖組成的澱粉，卻無法促進分解同樣由葡萄糖形成但形狀不同的纖維素。
>
> 根據這個敘述，選擇以下句子中最適合填入括號裡的詞彙。
>
> 纖維素和（　　　　）的形狀不同。
>
> ①澱粉　②澱粉酶　③葡萄糖　④酵素

為求慎重起見容我說明，這個問題的解答並不需要具備生物學的專業知識，只要有閱讀能力就可以判斷。

這本書中分析從許多學校測驗獲得的結果，導出「有很多讀不懂教科書的學生」之結論。

為什麼會發生這樣的狀況呢？

其中一個原因是「只要出現沒看過的詞彙，就直接跳過的閱讀習慣」。

也就是說，「讀不懂的孩子」，在閱讀時只是隨便找出「容易懂的部分」，擅自以自己的方式解讀。

這和我一開始說的《愚蠢之壁》極為類似。

網路上各式各樣的文章發表後，隨即會出現形形色色的留言形成回饋。

不論對於文章是抱持著贊同或反對的觀點，這本身並沒有問題，問題在於有許多留言，讓人不禁感到納悶「為什麼這篇文章會產生這樣的留言？」

其中有些留言很明顯的是「這個留言根本沒有讀這篇文章吧？」

這麼說很難聽，通常用「愚蠢之壁」一句話就能解釋。

然而，光這麼指責也無濟於事，不但會引起紛爭，也毫無建設性。

但是，讀了這本書後就能清楚明白。

之所以常會看到太過不可思議的留言，就是因為「也有很多成人沒有好好地閱讀」。

據說「基礎的讀解能力左右人生」[21]，因為這對於獲得新知識的速度會有很大的影響。

的確，我也曾經從補習班的老師那裡聽說，國語成績好的學生，要讓其他科目的成績進步也會比較容易。

這應該也和「能夠確實閱讀題目」有關吧？

知識的獲得必要的是「讀解能力」。

「八成的高中生考試輸給ＡＩ」，暗示著大量的勞動人力，未來將有可能被ＡＩ取代。因此這本書才會闡述「孩子應當要養成讀解能力」，我也有同樣的想法。

「想獲得英語能力」的人在增加當中，然而，前提是母語若沒有達到一定的程度，即使會說英語，談話內容照樣很貧乏。

想打破「愚蠢之壁」，首先必須訓練成人充分運用母語。

（補充說明，正確答案是「①澱粉」）

在工作上一定要把「能力」及「人格」分開來思考

雖然是老生常談，「工作能力強」和「人品高尚」完全沒有關係。有些人雖然有人望，工作能力卻乏善可陳。相反的，也有人在工作上出類拔萃，人格卻很有問題。「工作能力強」又「人品高尚」，能夠兩者兼備的人，可想而知當然很稀有。

比方說，蘋果創辦人史蒂夫・賈伯斯（Steven Jobs）雖然是個偉大的經營者，但據說和他一起工作的人之中，並沒有任何一個人覺得和他一起工作十分愉快。

事實上，原先在蘋果公司擔任資深經理的松井博就曾在《我在蘋果學到的事》介紹有關史蒂夫・賈伯斯特點的軼事。[22]

在員工餐廳中有某位員工被史蒂夫搭話，因為緊張所以語無倫次，結果被他說：「你有辦法說清楚自己做的是什麼樣的工作嗎？我真不想和你呼吸同樣的空氣。」結果該名員工就被開除的流言。

也有聽說偶然和他一起搭電梯後被開除的事，在公司謠傳著越來越誇張的流言，最後大家都盡量避免讓自己和史蒂夫正面相對。

即使只是「謠傳」，願意和引起這種謠傳的人一起工作，應該只有少數人吧？

這本書上還寫了另一件事：[22]

客戶傳來的抱怨郵件，一年當中會有數次是由史蒂夫・賈伯斯直接轉傳給全公司過目。因為是由史蒂夫親自寄出所反應的問題，自然全公司從上到下都會特別注目。

在這個情況下，若誰被貼上「必須承擔問題發生的負責人」標籤，在蘋果公司的政治生命形同走到終點，是最惡劣的情況。

管理職的研修等課程，總會教我們「不要在眾人面前斥責部下」，但史蒂夫・賈伯斯似乎不以為意。

美國南北戰爭的英雄，率領北軍贏得勝利的尤利西斯・格蘭特（Ulysses Grant），實際上據說是個酒品非常差的人。[22]

後來當他成為美國總統，在任內接二連三的發生醜聞及貪污事件，以人格來說，絕不是令人稱許的人物。

然而，原先的美國總統亞伯拉罕・林肯（Abraham Lincoln）在南北戰爭中，明明知道他的危險性，卻始終沒有解僱他，就是因為他在作戰技巧方面確實非常傑出。

相對的，與格蘭特敵對的南軍羅伯特・李將軍（Robert Lee）據說個性非常成熟穩重，也十分知人善任，然而，最終還是輸給格蘭特將軍。

我們常常會忘了「工作的能力與人格，一定要分開思考」，這些名人軼事，再次提醒我們認識這點。

前陣子在某個聚會中，友人說：「基於信任把工作委託給某個人，結果他什麼也沒做。因為他實在太無能令我很火大，我忍不住大聲罵他：『你根本瞧不起工作對吧？』」

我向他詢問詳情。

「我知道工作和人格是兩回事，但我覺得『到了這個年紀，竟然連這個也不會，根本就瞧不起這個世界』，結果就失去冷靜而忍不住發火了。」

任何人應該都無法否定曾有過「因為他人工作沒能力，連他的人格也想加以否定」的衝動，任何人可能都曾有過這樣的經驗。

過去我曾在形形色色的企業中聽到以下的話語：

「你工作能力真的很差耶，真是懶散的傢伙。」

「無法面對目標努力去達成的人根本是垃圾！」

然而，身為在現場的旁觀者卻要說：「所謂的無能，只是因為『不符時代的需求』，和人格應該分別考量，比方說，若我生在戰國時代，或許根本無法大展身手，只不過剛好現在活在這個時代，從事這個工作，能發揮我的能力罷了。」

我們有時候會把工作能力當作「人格」，很容易陷入「人格主義」的思維，但人格主義並非萬能。

「只要鍛鍊好精神，工作就能做得到。」

「只要能做出成果的人，人格也是高尚的。」

像這樣把工作能力與人格輕率聯結是我們應該避免的。

看不清「偽關係」將陷公司與員工於危急

「他的人格很高尚。」大家都這麼說。他們說的是站在講台上演講的經營者。

這是在某家公司的宴會上發生的事。

這位經營者是繼承上一代開始經營的公司，據說已接手了十幾年，公司的業績表現很好，離職率低，薪資待遇遠比那些差勁的上市公司高得多。

而且，正因為公司的績效很好，因此幾乎沒有人會貶損這位經營者，由於是家族企業，沒有股東會唱反調，經營想必非常容易運作吧？

這位經營者標榜公司是「人格經營」，更以此作為管理方針來決定人事任免僱用。

我看到經營者滿臉自信的「成功者」神情，稍微陷入思考。究竟，以

「人格」為核心的管理，會有它的效果嗎？

網路或是商業雜誌中，常會看到標題寫著「成功商業人士的○項法則」的文章，但這些內容絕對不能照單全收。

比方說看到寫著「成功的商業人士經常閱讀」的主張時，我們並無法分辨下列的哪一項主張才正確。

・因為經常閱讀所以成功？
・因為成功了，所以開始有時間經常閱讀？

同樣的道理，當我們聽到「謙虛的商業人士才能出人頭地」的說法，也需要持保留態度。

・因為謙虛所以出人頭地？
・因為出人頭地，所以才變得謙虛？

這同樣難以判斷。

我想很多人都知道，這都源自於搞錯「相關」及「因果」關係。這方面的問題即使是學者在處理時也非常注意。

尼克・鮑迪斯艾維（Nick Powdthavee）在《幸福的計算式》中有如下的說明[24]。

相關關係及因果關係的差異，不僅是幸福研究者，對於所有社會科學者也是比什麼都重要。

我們生活中看得到的許多事情都彼此相關——某個鎮上的消防車數量與當地發生火災的頻率；大學香菸消費量與學生成績的高低；學校成績與學童家中的書本數量等。

但是，我們不認為其中有因果關係。

統計學家把這樣的關係稱為「偽關係」。與形成問題的兩個變數相關的第三項不為人知的變數之存在，正足以說明。

尼克・鮑迪斯艾維並舉出「飲用礦泉水能生出健康的寶寶」之標題為例，指出其中的錯誤。

實際上，經濟寬裕的父母生活水準高，能花費在非必需品的奢侈品（比方說礦泉水）的金錢上，比經濟不寬裕的人更多，因而能生出更健康的寶寶。

換句話說，若沒有加入雙親收入這個變數去思考，對於這個標題就有必要更謹慎去解讀。

這是因為，假設今後要生孩子的家庭收入都相同，飲用礦泉水和生出更健康的寶寶之間根本毫無關聯性。

商場上時常出現像這樣的「偽關係」。

而且，經營者或上司若是誤解這樣的「偽關係」，在公司經營不順時，將很容易使得管理陷入混亂。

比方說，一開始所敘述的經營者雖然標榜「人格經營」，但實際上人格優秀是否就是成功的原因並不明確。

實際上搞不好是只是碰巧進貨的商品優良，上一代的社長扎下穩固的根基，帶頭的年長部下在第一線努力運作的緣故。

不用說，當公司運作順利的時候，「人格經營」會受到肯定。

然而，將來業績滑落時，這個經營者或許會把業績不振的原因歸咎於「部下的人格」。

比方說，「你們的人格不多加磨鍊不行！」

仔細思考，這其實是件很恐怖的事。

過去我擔任顧問而來往的公司，曾揭示「虛心的人才會成長」，強烈要求員工「虛心」。

然而，仔細想想，「虛心」和「成長狀況」或許只是「偽關係」。

實際上成長的狀況，和「分配工作的品質」、「上司指導所花費的時間」，應當比虛心程度更符合因果關係。

上司分配適當的工作，花時間給予指導的話，部下做出成果的可能性更高，而且，只要能做出成果，部下應該就會虛心聽從上司所講的事情吧？

「虛心」或許只是亮眼成果展現後，上司對部下錦上添花的形容罷了。

然而，上司若過度信奉「虛心」，管理卻十分笨拙，沒有分配適合的工作，指導也不夠，卻怪罪部下「因為你不夠虛心，所以才永遠無法把工作做好。」

我在許多公司看到這樣的狀況，因而了解經營者或上司「源自精神論或成見的管理」的謬誤。

經營者或管理職務堅持：「虛心最好」、「氣勢很重要」是個人自由。然而，沒有一套方法，卻把人格、精神論用在管理上來強行要求部屬豈不是很愚蠢？

第三章

怎麼做才能停止「笨蛋的行為」？

唯有養成「懷疑」前提、「假設」問題、進行「驗證」的習慣，
用正向的思維迎接新知，才是安穩生存的最終法則。

CHAPTER ONE

與「自我感覺」妥善保持距離，才能有所突破

人都會非常執著於「自己切身感受到的感覺」。

舉例來說，有一位公司的經營者，三年前便開始帶領公司進行問卷及業績數據等資料分析，以確實掌握顧客喜好變化；然而儘管他透過這些資料，已經了解公司未來應該發展的趨勢，卻仍頑固地抗拒變更商品的設計。

這名經營者表示：「根據我對客人的觀察，發現目前的方向正確，實在沒有變更的必要。」

儘管問卷及業績數據都在在顯示經營者的決策錯誤，他卻堅持己見，不願聽從他人意見。

「問卷或是市場調查，根本無法反應實情，自己親身前往現場的感受才最最重要。」那位經營者總是這麼說著。

結果，後來因為業績低迷，社長也因此改朝換代，這家公司才終於得以東山再起。

- 重視實際的感覺。
- 只相信親耳所聞。
- 認為現場感受比文字數據更重要。

為什麼對於別人提供的意見，無法客觀接受呢？

比方說，請大家想像一下，當身旁有人表示「太陽繞著地球轉」時，這個人說：「無論事實如何證明，依據我的『親身感受』，還是覺得太陽繞著地球在轉。」這種情形，明顯是親身感受有誤。

但根據朝日新聞的調查結果顯示，公立小學四年級生至六年級生，共三百四十八人當中，就有四二％回答「太陽是繞著地球轉」[25]。

當然，這也許是因為小朋友們還沒學習到地球繞著太陽轉的知識，所以才會這樣回答，但也顯示出大家普遍十分重視自己的親身感受的問題。

不過即便是大人，「親身感受」也具有相當大的影響力。舉例來說，請大家參考一下丹尼爾・康納曼在《快思慢想》中提出的下述問題[26]：

球拍與球合計一元十分美金。
球拍比球貴一元美金。
試問球是多少錢？

多數人腦海中一閃而過的數字，應該是十分美金。這就是人類的思考邏輯。但是這個答案當然不正確，正確答案是五分美金。不過算錯答案也不必感到丟臉，畢竟有五〇％的哈佛大學學生、麻省理工學院學生，在回答這個問題時也都答錯了。

這個問題並不是在測試誰的頭腦好，誰的頭腦差，而是在說明人類都是依循感覺在思考的生物。當然感覺也會有正確的時候，但事實上無論是多聰明的人，也不應該毫無條件地信賴自己的感覺。

依據上述例子思考後會發現，若要清晰的思考，最重要的是必須否定

「自己實際的感覺」。

・推翻自己的感覺去進行假設。
・在驟下結論前尋求與自己習慣的思考邏輯完全相反的資料。
・思考在自己預料之外的現象。

大家必須著眼於這樣的狀態。尋求「反證」，才能步上釐清真相之路。

美國通用汽車的前任CEO艾爾弗雷德・斯隆（Alfred Sloan），曾在高層會議全員意見一致時，發表下述言論[27]：

「既然如此，我希望能針對這個問題找出不同的見解，我認為需要多一點時間進一步檢討，以了解這個決定代表哪些意義。」

彼得・杜拉克（Peter Ferdinand Drucker）耳聞這項消息，繼斯隆之後提出了下述感想[27]：

「斯隆並非憑直覺行事之人。他想強調的，是意見理應依據事實進行驗證。而且他認為絕對不能從結論來探究印證結論的事實。他認為正確的決定，必須存在適當不一致的意見。」

可是，現實中許多公司的經營方針正好相反，也就是說，多數會像下述這樣。

・只收集「強化自己意見的意見」。
・只重視「對自己有利的資料」。
・只去見「願意贊同自己的人」。

結果強化了「自己的感覺」，不知不覺以為自己的感覺就是正確答案，可惜對於自己的感覺並無法考慮周詳。

與自己的感覺妥善保持距離，並且時時予以否定，才能有所突破。否則你就和認為「太陽繞著地球轉」的小學生，沒什麼兩樣。

試著質疑「前提」才是能者

我在網路上看到下述的諮詢問題[28]：

我想成為一名正式員工，於是參加了求職活動，但是找工作找了一整年，還是無法錄取行政工作。我也知道再拖下去只會愈來愈糟，可是最近總是提不起勁來找工作。

但是當我上網查詢相關例子，總是看到一直做兼職工作，結果落得下場淒慘的故事。我深知非得在二十幾歲的時候成為正式員工不可，但卻苦於打不起精神來。請您罵罵我也好，請教教我該怎麼辦？

如果真有其事，我覺得提出問題諮詢的人實在可憐。

但我並不是因為他「無法錄取」而覺得他可憐，而是重複做同一件事超過一年，卻無法「對前提產生質疑」而感到他很可憐。

有個例子十分類似，這是發生在某家ＩＴ企業的故事。

這家公司在做研發外包的工作，但是交期延遲，一直在加班趕工。即使現場的技術人員拚死拚活努力工作，狀況卻無法如預期改善。於是我和經營團隊及現場人員面對面坐下來諮詢。

「必須提升產能。」

「得要加強估算的精度。」

「提升技能才能有效率地進行研發。」

「希望可以導入一些工具。」

大家提出了各式各樣的改善對策，可是每項對策都苦於時間緊迫，因而毫無改善的跡象。

但卻沒有一個人，對於其中的某項「前提」提出質疑。

這項前提是什麼呢？

就是「必須達成業績目標」此一前提。

想要達成業績目標，業務單位必須相當努力找到訂單才行。但是目標卻打著「成長」這個名目，設定出一個相當嚴苛的數字，因此才會陷入下述這樣的反饋迴路當中。

- 業績目標過高。
- 業務單位在不合理的狀況下簽回訂單。
- 現場負擔變大，專案延遲。
- 難以達成業績目標。
- 使業務單位變得更加為難。

於是我向經營著提出問題：「業績目標是如何訂立的？」結果對方回答：「將前年的數字，加上成長目標後，訂出了目前的業績目標。」我問他：「為什麼要加上成長目標？」對方回說：「全體員工都得加薪，而且還得產生利潤才行。」

可是，卻沒有人針對下列這幾點，進行詳細的驗證：

「真的全體員工都得加薪嗎？」
「目前這樣的利潤水準恰當嗎？」
「有必要大幅成長嗎？」

說實話，就是陷入「公司一定需要有所成長」的迷思，才會出現這樣的業績目標。但是調降目標值後，說不定就能減輕現場的負擔，還能使品質有所改善。

必須減輕現場的負擔，否則無法嘗試新的作法，況且本來就不可能「永遠成長」。

懷疑「前提」就可能解決的問題，這樣的例子不勝枚舉。

有個名詞叫作「前提條件」。

其定義在《專案管理知識體系指南》中這樣寫道[29]：訂立計畫時，若缺乏證據或實證，應以現況、現實或可靠事實作為主要依據。

對「前提條件」提出懷疑，是非常強而有力的工具，即便在辯論的場合也非常受用。因為攻擊對方作為「出發點」的前提、假設，就能全盤推翻後續的論點。

這個手法在自問自答時也非常有效。

你要將「我受限於何種前提？」這樣的問題丟給自己。

假使你是文章開頭所提及的，正在找工作的諮詢者，光是設定前提的條件，恐怕就有這三點：

・一定要找到行政工作。
・非得在二十幾歲時成為正式員工。
・必須努力參加求職活動。

這和「已經過勞卻還是沒辦法辭去工作的人」，還有「被黑心企業奴役的人」，可說是相同的狀況。

我推測，「既然工作得很辛苦，辭掉不就得了」這句話，並無法傳入真正痛苦的人耳中，因為懷疑前提需要耗費能量，但是他們卻提不起這丁點力氣。所謂的前提，就是公理。公理不正確的話，只會導向錯誤的結論。

反過來說，能夠養成習慣，「凡事進展不順利時，就會懷疑前提」的人，是非常厲害的強者。

這類型的人，解決問題的能力很強，有時甚至會提出偉大的發現。

法國著名哲學家笛卡兒（René Descartes）在追求真理時，擔心推論會起始於「錯誤的前提」，而導向「絕對不容質疑之事」。

於是，他才會以「事實是現在的我正在懷疑」為出發點，提出了他的論點。這個論點就是——「我思故我在」。

再舉一個例子，過去古典力學在無法驗證下，主張「時間流動不變」與「光速可變」，愛因斯坦卻對此前提感到懷疑，因而提出了「相對論」。

就像這樣，想要改變對世界的看法、對人生的見解，你必須懷疑「公理」，也就是必須懷疑「自己在缺乏驗證下接受的事實」。

不要隨「偽知識」起舞

十六世紀的哲學家法蘭西斯・培根（Francis Bacon）說過一句名言：「知識就是力量」，單憑這句話，就知道他高明遠見令人折服。

過去的「知識」不過是受教育者的嗜好、閒暇人士的興趣，直到現代與「技術」結合之後，才不再只是單純的概念，而是足以實際影響這世界的「力量」。

舉例來說，關於雙螺旋以及複製這類的DNA相關「知識」，不過是單純的概念，但與「基因工程」這方面的技術結合之下，開始能夠發明出藥物，甚至製造出有用的生物。

生成文法這類的言語相關「知識」，不過是概念的統合，但與「電子工程」、「軟體工程」、「硬體工程」等結合之後，最終實現了人工智慧。

就像這樣，「知識」與「技術」的結合，改變了這個世界。知識與技術結合時，最重要的關鍵在於重現性與普遍性。

費盡心思打造出飛機，萬萬不能「有時能飛有時不能飛」，好不容易研發出藥品，「有時有效有時沒效」更是不行。

技術人員想要確保成品的表現，根本知識的重現性及普遍性絕對是必要的。但是，當使用者愈複雜，愈是難以確保「知識」的重現性及普遍性。

比方說，「行星的軌道」非常單純，只要運用若干知識，就能簡單計算出來。可是當對象是「生意」或「人」的時候，將變得相當複雜，具有重現性及普通性的知識寥寥可數。

多摩大學的田坂廣志，有許多中小企業的經營者都是他的粉絲，他在《為何管理會遇上瓶頸》一書中，針對決策有下述的看法[30]：

當你面臨需要靈敏直覺才能做出決策的場合，最為重要的一點，並非「作選擇」。最重要的，其實是「用怎樣的心境作選擇」。

乍看之下看似含蓄，卻也戳中真理。

但在另一方面，管理大師杜拉克也提出下決策的基本要點應包含下述這幾點：

- 明確指出問題。
- 鼓勵反對意見。
- 重視不同的意見。
- 最終必須行動，沒有半途而廢的可能。
- 下決策必須分攤責任。
- 下決策必須安排回饋的架構。

光是舉出田坂廣志及杜拉克這兩個例子，就知道每個人對於下決策的認知不同，非常難以斷定下決策的知識是否具有重現性及普遍性。

若用 google 搜尋「有效下決策的五大方法」的文章，輕易就能找到「類似知識的論點」，資訊爆炸到常讓人不知道該相信哪個論點才妥當。

身處於資訊化社會、知識經濟社會當中，我們在運用這些資訊之前，必須謹慎小心地判斷，哪些是「知識」，哪些又是「偽知識」。

但究竟該如何區分「知識」與「偽知識」，並運用自如呢？
其中一個方法，就是信任根據「科學手法」所得到的知識。
舉例來說，採用下述原則的知識，就能成為比較值得信任的知識：

・進行定量的測量。
・用統計的方式驗證是否為非偶然。
・保有反證的可能性。

反過來說，只依據某一人單純的經驗，即可視為比較不值得信任的知識。不過，凡事皆有例外，現實中並無法只承認「只利用科學手法驗證後的知識」。而且追根究柢，也無法斷言「不能以科學驗證就是錯誤的知識」。

「下決策，首重作決定時的心境」，這句話並不是用科學得以驗證的知識，但在自己的切身經歷中，卻十分受用。

因此不限於學者，能夠善用「知識」的人，都會一面檢視知識的可信度，一面善用知識。

・這些知識是依據哪些經驗及數據引申出來的？

・這些知識是由什麼人所提出的？

大家應至少遵循這三點原則，並且有所保留，謹記「知識可能有誤」才是最重要的事。

反過來說，是否為「偽知識」，多數因未曾實際運用過，因此很難釐清。換句話說，先「假設」再「驗證」，在工作上是很重要的一件事。

經驗法則不一定可以依賴

至今過度看重「經驗法則」的公司仍不在少數，尤其是公司中的業務或人事單位更容易如此。不過，近來各種資訊愈來愈容易入手，統計手法運用也更加方便，因此大家對於「業界權威或前輩」的經驗法則，在各方面紛紛興起猜疑之心。

舉例來說，管理階層最大的煩惱之一，就是「應該褒揚下屬激勵他們成長，還是應該好好斥責教育一番」。

年長者通常會依照經驗提出建議，認為「必須嚴格管理，下屬才會長進」，不過最近在針對管理階層的研修課程中，卻提到「最近的年輕人不習慣被人責罵，所以最好不要斥責他們」，觀念似乎起了變化。

究竟，該相信誰說的話呢？

丹尼爾．康納曼在《快思慢想》中，曾分享一段他為以色列空軍指導教官，教授「提高訓練效果之心理學」時的小插曲[32]。當時康納曼正向老鳥教官解說，「與其斥責下屬，不如好好褒揚他們」。

就在我結束激昂的授課之後，一名老鳥教官舉起了他的手，開始陳述己見。他的意見如下——做得好便出聲讚美，這在訓練鴿子時或許效果會很好，但我認為不適用於飛行訓練生身上。例如在訓練生順利完成特技飛行後，我如果大肆褒揚他們，下次讓他們再做一次同樣的特技飛行時，大部分表現就不如先前了。但是操縱不佳的訓練生，當我透過麥克風臭罵他們一頓之後，通常絕大多數在下一次飛行就能表現得很好。所以說，我認為應多加讚美少給斥責的說法，似乎並不恰當，事實上我是持反對意見的。

就像這樣，統計與經驗法則的主張，往往意見分歧。

但其實在這段故事中已經出現正確答案了。老實說，「無論褒揚或斥責，結果都是一樣」。康納曼的說明如下所述。

教官觀察到的，是眾所皆知的「均值迴歸（regression toward the mean）」*現象，此時訓練生的表現，只是隨機性的變動而已。

當教官讚揚訓練生，想當然爾，也只有在訓練生的飛行表現超越平均值的時候，才有可能獲得讚揚。但是訓練生在當下或許只是偶然操縱得宜而已，不管教官有沒有讚美他，下一次飛不好的可能性還是很高。

同理可證，教官在破口大罵訓練生時，只會發生在訓練生表現不佳，跌破平均值的時候。因此就算教官沒有表示任何意見，下次表現好或表現差的可能性都很高。也就是說，老鳥教官的「經驗法則」實際上只是隨機現象無可避免變動的因果關係。

既然褒揚或斥責都會產生相同的結果，當然還是圓滑處理人際關係，讓公司的氣氛和諧為宜。

除了這種「讚美斥責爭議」之外，站在企業第一線的人員，多數依然信奉「難以解釋」的「經驗法則」。

譬如這世上仍有為數眾多的「前頂尖業務員」，主張「業務就是該為客戶鞠躬盡瘁」。他們的經驗法則認為，自己不斷地為客戶提供服務，總會感動對方，然後為自己帶來更多的回饋。

可是，賓州大學沃頓商學院的亞當．格蘭特（Adam Grant），在《給予》一書中，便提到只當「好人」絕對無法成功，書中分享某家顧問公司經理的案例[33]：

> 鮑爾頭腦聰明又有才能，且幹勁十足，但是過於為周遭的人著想，因此危害到個人評價及工作表現。
>
> 「他是個凡事都不會拒絕的人。」
>
> 有位同事這樣形容他：「他總是大方分享自己的時間，我覺得他太愛討好別人了。所以才遲遲無法升格為合夥人（顧問公司最高層級的職務）。」

＊通常用於投資股票，指無論上漲或下跌都不會長期持續，最終一定會回歸至平均值。

他引用了一份以顧問公司三千六百名員工作為對象的研究，證實「一味給予的人」，其加薪率、工作速度、升遷率等各方面都比他人更不理想。

所以單憑「討好、給予」，是很難成功的。

另外還有一個例子：所謂「有看人的眼光」、「靠第一眼就能幫別人打分數」，這種透過經驗、直覺的事情實在令人質疑。

舉例來說，依據 google 人事主管拉茲洛・博克（Laszlo Bock）所著《Google 超級用人學》一書中的統計資料，完全不存在「靠面試就能徹底認清對方的人」。在分析五千件的面試過程後發現，大部分的「個人判斷」，精準度都比不上「透過多數人檢視後的判斷結果」。

依據他們的分析，發現面試最好要經過四次，單憑一次面試中，某一位面試官認為「這個人不錯」的判斷，大概都派不上用場[34]。

所以備受尊崇的人若自稱「有看人的眼光」，在絕大多數的場合，往往都只是在表示他個人的偏好而已。老實說，這只是忘了相信他人之後的慘痛教訓，反而記著相信別人之後的成功經驗罷了。

另外，關於「年資愈久的人技能愈好」這一點，在統計上也保持質疑的態度。《想要表現一流需要才能還是努力？》一書中曾經提到，哈佛大學醫學院的研究團隊曾發表過下述的研究結果[35]：

假使一名醫生執業年資愈久能力愈佳的話，治療品質理應也會隨著經驗變豐富而提升。但是結果正好相反。在六十多件考察對象中，幾乎所有醫生的技能都會隨著時間而退步，不會退步的人，也只會停留在原本的水準。

年長的醫師比年資淺的醫師知識更貧乏，能提供適當治療的能力也很差，研究團隊於是提出了一個結論，年長醫師負責的患者很有可能因此蒙受損害。

這點除了在醫師身上，在其他業界的老鳥身上，似乎也有類似的現象。以年資給薪的原則，前提在於「愈資深技能愈高明」，但是依據這類的研究結果顯示，卻發現事實正好相反。所以說，以年資給薪的制度會崩壞，也是必然的結果。

照這樣看來，整體來說，「依經驗和長幼建立的秩序」受到推翻，「參考資訊與科學手法建立的秩序」不斷在改變企業的經營模式，甚至已經展現出實績。眾多企業會打出「活用ＡＩ」的口號，想必也是順應這股潮流。

這些現象，將使「單有經驗卻做不好工作的人」，無法再像過去一樣苟延殘喘，他們的問題勢必將一一浮上檯面。

人類靠的不是意志，而是惰性！

相信大家一定會在某些時刻，總是提不起勁來。

這種時候，有些用來提升「幹勁」的自我啟發書，裡頭就會推薦大家嘗試下述方法：

・轉換心情。
・想像未來的自己。
・給自己獎賞。

書中介紹的這些手法，都是想讓大家換個「心情」與「想法」。

可是正因為沒辦法換個心情或想法，才會提不起幹勁，所以這些方法一點都不實用。

但在另一方面，「幹勁」也是大腦研究領域的一環，目前各方學者正不斷藉由科學手法剖析當中。

大腦科學家池谷裕二和糸井重里共同著作《海馬體：大腦不累》一書中提到，當人們想「著手做某件事」時，名為伏隔核（Neucleus accumbens）*的大腦部位就會活化起來，使人充滿幹勁[36]。

這項主張與過去的觀念背道而馳，換句話說，我們並不需要先處理「心情」或「想法」，而是「付諸行動就會充滿幹勁」。

就我個人的經驗來說，的確一再印證這一點，「提不起勁」這句話，我覺得單純只是換句話，表示「還沒有開始做」而已。

- 「提不起勁讀書」→還沒有開始讀書。
- 「提不起勁工作」→還沒有開始工作。

＊在大腦的獎賞、快樂、笑、成癮等反應中扮演重要角色，刺激我們獲取想要或喜歡的事物。

就本質上來說，「只要開始動手做」，幹勁自然就會湧現。也就是說，不管是工作、運動、學習新事物，最重要的還是「最初的第一步」。

這樣一來，問題便在於如何刺激我們產生「開始做的契機」，這部分確實是個問題。

然而，人類原本就不是靠「意志」，而是靠「惰性」更容易行動。

舉例來說，相信很多人都曾經有過下述的經驗：

・想要讀書，但是隨手拿了本漫畫看後，就停不下來了。

・休假日一看電視，就一路看到半夜了。

早上起床、洗臉、刷牙、換穿衣服、吃早餐、穿鞋子、開門後上鎖，這些都是平日習慣性的小動作，幾乎沒有人會一一牢記「今天早上做了什麼」。

這一連串的動作，全是在惰性下進行，因此大多是在自己毫無意識下行動。所以說，「通常人類大部分的行為，都會自動自發去做」[36]。

看到母語會無意識地加以「理解」，看見下頁圖的二種線條會下意識「感覺」左方線條比較長[37]。這些反應即可證實，人類的認知及行動幾乎都是憑直覺在進行。

當然，人類偶而還是會依「意志」行動。但是對於人類來說，運用意志需要專注力還得努力，事實上是相當費神的一件事。

比方說，不能只是「知道」下頁的圖的二條線等長，想要「確認是否果真如此」，需要付出許多努力。

所以大多數的人，並不會刻意去驗證二條線是否等長。即便左方線條真的畫得比較長，大部分的人也不會發現。

結果當需要意志力「開始動手做」的時候，這種情形將會形成巨大壓力，最終才會導致「拖拖拉拉無法開始進行」、「無法堅持下去」的狀態。

但是，這時候反而才能順手推舟，反施其計。

總之，當你「想開始做某件事」、「想堅持做某件事」，此時如何「不靠意志力自動自發去做」，反而才是關鍵所在。

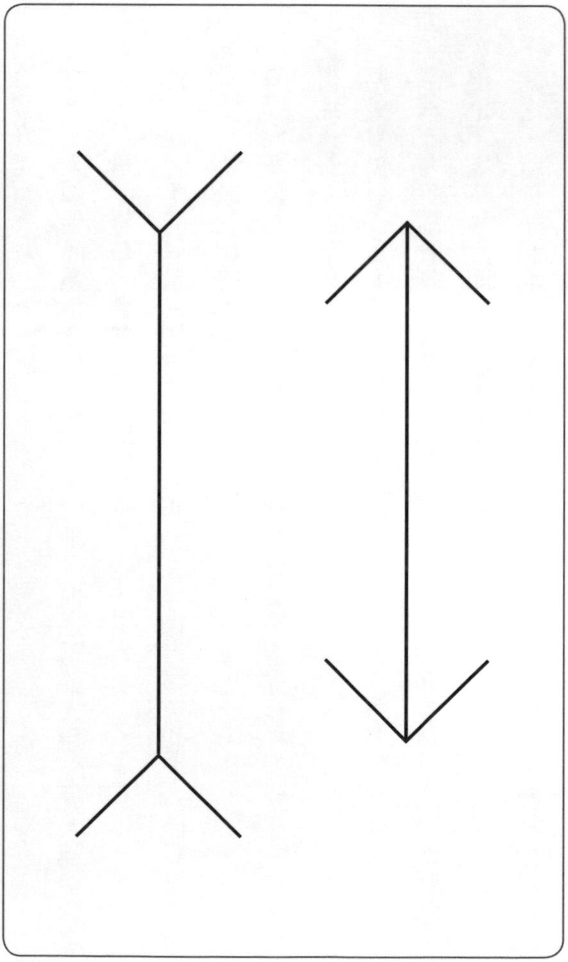

只要營造出「這件事非做不可的狀態」，相信就能不靠意志力，讓自己開始自動著手行事了。

持之以恆的能力，並不是少部分的人才能具備的特質。

主要看你有沒有決心去做，因此我想到了下述的「自動化祕訣」。

1. 盡可能減少行動的選項

想完成某些工作時，身邊最好不要放置任何物品，也不要連上網路。譬如說，手機放在身邊就是十分糟糕的狀態。

希望孩子養成讀書的習慣時，其實更適合請孩子待在選擇較少的客廳，並不適合待在放有玩具的兒童房或是有電腦的書房、有床的房間等。

以我個人的例子而言，過去我在寫企畫案時，坐在公司的個人辦公桌上會忍不住想去回覆電子郵件，或是會想找本書來看，所以經常躲在會議室裡，營造一個「我只能寫企畫案的狀態」。

注意力、意志力都是有限的，選擇愈多，就會讓人遲遲無法開始行動。

2. 做好著手工作的準備

使用電腦工作，已經變成稀鬆平常之事，不過手寫對於「著手行動」其實十分有助益。

尤其在從事創作活動時，用手寫會比打鍵盤更容易「開始動手做」。

我有一位從事部落客的朋友，就習慣將文章刻意「寫在筆記」上，接著再用電腦重打一遍。他說：「手寫比較容易開始投入工作。」

3. 事先在身邊備妥可能需要的資料及工具

工作到一半尋找需要的資料時，會演變成認真打掃辦公桌的局面，結果什麼事都無法完成的人，想必不在少數。

工作會中斷，多數是因為分心到其他事物上了。

為了避免這種情形，切記一定要事先備妥可能會用到的資料。而且「動手」進行準備工作，也時常能激發出一個人的幹勁。

舉例來說，過去我有一位研究室的伙伴，他便將「備齊實驗必需器具」視為一種激發幹勁的儀式。這樣一來，他才能開始順利地投入工作當中。

另外，想要讀書也能用點小技巧，好比搭車時將手機收進包包裡，然後事先將書本拿出來，這樣就一定能「讀到書」。

這些也算是「自動自發」的一種手法。

4. 小睡片刻

疲勞導致注意力或意志力渙散時，抽空「小睡」十分鐘左右，意志力就能神奇地獲得改善。當你「怎麼做都提不起勁」時，不妨試試這個方法。等你睡醒時，保證你會驚為天人，能夠開始著手工作。

過去在日本工作時間午睡的人會遭解僱，不然至少也都會受到嚴厲的懲戒處分。但在現今日本的職場中，並不會有如此限制。

美國更有許多雇主，認同只要午睡二十六分鐘，業績就能提高三四%，注意力也會提升五四%的研究報告，因此有許多企業開始希望從業人員能夠有充足的休息時間，甚至有多數企業在職場設置了午睡指定空間[38]。

5. 編列待辦清單安排行程

當人處於「不知道接下來該做什麼」的狀態下，很難採取行動。

所以，事先將必須完成的工作編列一覽表，就能「讓自己自動自發」。所以才會說，最好在前一天或早上，規劃今天一整天的行動，安排行程。

另外，像是「每天幾點開始執行」，像這樣安排固定時間的例行公事，也是很有效的作法，能夠長時間維持一種習慣的人，通常都一直在執行某些例行公事。

容我重申，維持幹勁的祕訣不在於意志力，而在於「自動自發」。能夠堅持下去的人，並非意志力格外堅強，而是能夠自動自發完成工作、循序漸進達成目標的人。

員工的無能就是組織的無能

依據我在不同公司工作的經驗，時常會遇到「粗心犯錯的人」、「重複相同錯誤的人」。

譬如明明做得到卻不去做、已經明白了還是做不好、常忘記重要的事情，總是一再重蹈這些覆轍的人，我稱他們叫作不用心的人，也就是說他們很「無能」。

即使對無能課以重罰，無能也不會從組織中消失

而且，這世界對於「無能」極其嚴苛。哈佛大學公共衛生學系的阿圖・

葛文德（Atul Gawande）教授便在《清單革命》一書中，提出下述見解[39]：

我們總是很容易對於這類「無能」的失敗而變得情緒化。「無知」造成的失敗反而能夠被原諒。如果不知道怎麼做最好，只要願意拚命努力去做，我們就會感到滿意。

但是，一聽到具備這方面的知識，卻還是無法正確運用的話，我們只會感到滿心憤慨。

正如葛文德教授所言，當情況是「明明知道卻不去做」，還有「知道了卻還犯錯」時，我們對待犯錯的人就會非常不耐煩或更容易不滿。訓斥一頓便了事還算走運，有時還會導致降職調遷，甚至被烙印上「沒用的傢伙」這樣的印記。

當你在組織內部被視為「沒用的傢伙」，無論你是怎樣的人，這番苦痛都會令人難以承受。

在現今這個社會，工作與一個人的身分幾乎劃上等號，可想而知痛苦更是難耐。

但是不可思議的是，即便課以重罰，現實中幾乎找不到「得以排除無能的組織」。雖然也不乏認為「無能只要解僱就行了」的鐵腕經營者，但在開除之後，只會一再發現其他無能的人。

·忘記上司的指示。
·遭人不斷客訴。
·遲到。
·忘記提出資料。
·傳達內容有誤。

甚至「這些常識般的疏失，還是一再莫名發生……」，在多數組織中，完全感覺不到「無能」有減少的跡象。

為什麼無法從組織中排除無能？

究竟為什麼無能不會消失不見呢？

就結論而言，「無能並非出自於個人，而是與組織相連結」。

無能並非僅關乎個人能力不足，也與組織能力不足有關係，所以就算排除掉無能的人，無能還是會永遠殘存在組織當中。反過來說，無能的組織才會持續造就（被視為）無能的個人。

有一位中小企業的經營者，總是感嘆「優秀人才都不來自家公司」，這不過是在換句話說「我在管理上感到很無力」。

因此，一旦組織將「犯錯」歸咎於人員能力的不足，而不檢討公司本質問題，無能就不會從組織中消失。

所以，就算一再提醒「拿出幹勁來」、「小心留意」、「別再犯相同過錯」，還是無益於改善無能，最終無能也不會消失。

最終無法排除「無能」的公司，無論換了多少員工，依舊不明白依賴「意志力」、「注意力」或「幹勁」是多麼危險的一件事。

比方說，發現同一個現象時，不同公司會像下述①和②這樣，用不同方式因應疏失。

・部下正要寫工作日報的當下，客戶來了一通電話，當他在通話的期間，似乎忘了工作日報的事。於是……

①斥責部下，要求他寫日報。

②定時提醒他寫日報。

・客戶來電通知業務人員住址變更一事，但是業務人員卻沒有著手修改公司內部資料，似乎打算日後再處理。因此……

①利用開例會的時間提醒大家留意。

②統一由某人負責住址變更的工作。

・客人提出疑問，卻遲遲未予以回覆，甚至忘了這回事便投入專案工作，以致於後續造成很大問題。

①犯錯的人考績被扣分。
②設計記錄問題的表格，與全體員工及顧客分享。

哪一種管理比較優秀，大家應該心知肚明。

排除無能的組織都在做的事

承前所述，能夠排除「無能」的組織都在做的事情，就是凡事不完全依賴「意志力」。

「人都會犯錯。」

「人都會健忘。」

「事情不順利實屬正常。」

管理組織唯有謹記這幾項前提，才能減少疏失，但終究不能避免出錯。過去或許有人說過，「小心行事就能避免出錯」。但在大多數的場合下，認為小心謹慎就好的話，往往都過於自信了。

如同葛文德教授提出的下述論點，他認為無論是複雜的工作或是單純的作業，不管能力再好或再差，任憑情況緊急或老神在在，疏失絕對會一再發生[39]。就算在名聲響亮的大學醫院內、面臨悠關人命的重大局面時，疏失依然會發生。

有些人能在心肺停止的狀態下，奇蹟似地挽回一命，但是更多人無法獲救。有時也許是因為太晚急救的關係，但除此之外，還有許多原因會導致施救過程不順利；好比機械無法順利啟動、工作人員不能全數集合、某人忘記洗手導致病人感染。

這些失敗案例並不會如同成功案例投稿至醫學雜誌公開，一般人往往不得而知。但是醫療過程不順利，其實是很正常的事情。

另外還有這種例子：每年超過五千萬次施行的手術中，有十五萬人於手術後死亡，達交通事故死亡人數的三倍以上。而且，陸續有研究顯示，這類的死亡人數及主要合併症，至少有半數都是可以預防的。

怎麼做才能矯正無能？

到底該怎麼做，才能矯正無能呢？

當然，這件事並不容易，但是並非不能為之。

首先最重要的，就是不能將改善無能這件事，交給個人負責。前文提過的葛文德教授便提出了下述看法[39]：

「人」容易犯錯，但是「一群人」應該就不容易犯錯了。

顧名思義，想要改善無能，必須具備組織力。反過來說，「組織力正是改善個人無能的能力」。

而且「組織力」的核心，在於「檢視問題」。事實上，杜拉克在《杜拉克：管理的使命》一書中，便強烈指出檢視的重要性[40]：

為了管理而進行檢視時，每次檢視，不論是被檢視者或是檢視者都不相同。依據被檢視者的表現與評價，他將有可能被賦予不同與以往的意義，展現出前所未有的價值。因此有關於管理的根本問題，並非如何做管理，而是要檢視內部。

杜拉克的洞察真是深知灼見。

舉例來說，在某個服務業發生了下述情形：

有一位業務人員總是被人指責「無能」。因為他完全不懂得如何結案，手上顧客的下單率，通常不是倒數第一就是倒數第二。

上司一再告誡他「務必結案」，但不曉得他是不是沒有覺察力，因此總是錯失商機。一問之下，才知道「他總是不自覺做事拖拉」。

這時候，有位業務顧問來到公司，他參考了過去二年來所有的業務資料後發現，九成訂單都是在開始談生意後的三週以內就會結單。

他對「無能」的業務員說了一句話：「請你將自己顧客的姓名，以及開始談生意的日期記錄在這張 Excel 表內。接著每天下班前更新後，寄電子郵件給我。」

一個月後，他的業績明顯改善了。Excel 表中，將「開始談生意超過二週時間的顧客欄位」，設定了變成紅字的函數。

這位業務這樣表示：「親手記錄在表格內後，照時程來看應該結單的顧客會變成紅字。隔天一大早，我就會提醒自己和客戶聯絡。」

這位顧問就是在做杜拉克所謂的「檢視」。

而且，並沒有將「無能」推給個人負責，而是利用工具及方法，促進行動的變革。

日後全公司開始使用這項工具，整個公司的績效也提升了。

「無能」，就此解決。「無能」的根本原因，在於組織的作為。

想要矯正「無能」，就靠檢視，還有實現檢視任務的工具與架構。

只想找出「犯錯者」卻不檢視架構的公司很愚蠢

反省某事為何失敗時，會發現二種人：

・「找出犯人」的人。
・「找出原因」的人。

這二種人看似在做類似的事，實則完全不同。
主要想「找出犯人」的人，會出現下述言論：

「誰該負責任？」
「事情變成這樣，該如何善後？」

「給我謝罪！」
「換別人負責！」
「都是他的錯！」

他們腦中想的，是「未能盡責導致事態演變至此的人，希望這個人負責，促使他改變觀念」。

因此，他們才認為必須聲討犯下過失的人。

反觀以「找出原因」為主的人，會出現以下言論：

「這種情形是什麼原因引起的？」
「沒有任何方法能解決嗎？」
「原因出在哪裡？」
「換個方式看看！」
「必須改變架構才行。」

他們不會去探究「誰」該負責，反而會去思考「系統」或「架構」是否有何缺陷。

他們認為，「缺少有能力的人就無法運轉的架構，就是有缺陷的架構。」

當然，並無法斷言哪一種說法才正確。

但在一個企業裡頭，想要追求不間斷的成功，後者的論點要可取得多。

杜拉克針對「人與工作的關係」，提出了下述看法[41]：

如果有一件工作，讓二、三個在上一份工作表現優異的人備感挫折的話，這件工作就不應該由人來處理。

大家很容易誤會「能力卓越的人，才能成功地工作。」這句話，這樣的概念對公司而言其實是大敵。

當然交付給有能力的人與無能者，成功的機率會有天差地別。

但是，幾乎沒有人會將重大工作交派給無能的人。不管是哪家公司，照理說都會將適當工作委派給實績相當的人負責。

所以說，工作上會遭遇失敗，絕大部分的原因應該是下述這三點所造成，如此推論比較合情合理：

- 架構。
- 制度。
- 環境。

在康乃爾大學主持食品品牌研究所的布萊恩・萬辛克（Brian Wansink）教授，在《好好吃飯》一書中，就提出了這樣的實驗結果。[42]

將霜淇淋與爆米花免費提供給來看電影的顧客享用，不過一組裝在M尺寸的容器裡，另一組則裝在L尺寸的容器裡。

這二個容器的容量都很大，裝滿了吃不完的爆米花，不過裡頭裝的卻都是「受潮變難吃的爆米花」。

乍看之下，很難了解實驗的目的為何，其實主要是想測試：「拿到大容器的人會不會吃得比較多？」

結果出乎意料，就算爆米花很難吃，拿到L尺寸容器的人，竟然比拿到M尺寸的人多吃了五三％的份量。

而且這個實驗具有重現性（reproducibility）＊。也就是說，研究發現「想要減肥的人，應用小盤子裝食物」。

這雖然看得出是人類意識的問題，其實也常能顯示出環境的問題。與其督促人們改變觀念「留意暴食問題」，不如變化盤子的尺寸要容易得多。

要求大家改變觀念以提升表現，這種行為其實「很愚蠢」。

如果想要提升員工表現，於是希望改變員工的行為，不如「改變環境」才最是有效且根本的作法。

豐田汽車在分析問題的真正原因時，會反覆問五次「為什麼會發生這種現象？」

但在「愚蠢的公司」裡並無法善用這項手法，因為反覆問五次「為什麼？」之後，大致上都會隨便將責任歸咎在人的身上，例如推說是「負責人員沒注意」，或是「負責人員能力不足」等等的藉口。

這些地方，往往存在熱衷「找出犯人」的人。

然而，既然有空閒做這種事的話，倒不如動腦想想看「如何改變環境才能提升表現」，這樣肯定更有建設性。

＊用相同的方法，同樣的試驗素材，在不同條件下，仍可以取得相同的結果。

情緒管理是否得當，大大影響群體效能

遇到「看不順眼的人」，你會怎麼做呢？

如果是在現實中遇到的話，多數人應該會盡可能「不與對方聯絡」、「不和對方碰面」。有時候，說不定還會辭去工作，或是脫離團體。

總之，就是會「看誰不順眼就和他斷絕來往」。

那麼，同樣在「網路」上遇到看不順眼的人，你會怎麼做呢？

我有一個朋友，他就說：「正常來說不是都會馬上封鎖嗎？」

據他表示：「光是看到不順眼的人發表的言論，就會令人元氣大傷。」

當我反問他：「聆聽其他意見不是也很重要嗎？」

他馬上回我：「網路上很難看到具建設性的論點，所以我不會浪費這種時間。」

我不敢斷言他的意見是否正確，但在我讀過《羈絆：社群網絡的驚人力量》後，令我萌生了下述感想。[43]

這個問題原本就很單純。

以結論來說，正如剛才那個朋友所言，「封鎖」是合情合理之事，甚至應該要馬上封鎖才最為恰當。

為什麼「立即封鎖看不爽的人」最為合情合理呢？

《羈絆：社群網絡的驚人力量》的作者尼古拉斯・克里斯塔基斯（Nicholas Christakis）與詹姆斯・福勒（James Fowler）在分析來自麻州弗雷明翰十二萬人以上的資料後，以調查「幸福的程度」，才發現了其中關聯。作者推論出下述二點現象：

1. 在社群網絡裡，不幸的人身邊只會聚集不幸的朋友，幸福的人則會與幸福的朋友結伴成群。
2. 不幸的人似乎被社群網絡邊緣化。也就是說，存在於社會連鎖關係的末端，排除在社群網絡之外的傾向十分明顯。

作者依據這個社群網絡進行時間性、空間性的分析後指出，「親朋好友的幸福，會影響到其他人的幸福」。

藉由社群網絡的數據分析，直接連結的人（彼此是朋友關係的人）是幸福的，本人也表示幸福感達一五％。

而且，幸福並不會到此不再擴散。彼此存在中間介紹人的人（朋友的朋友），幸福感的渲染效果約有一〇％，經過二個中間人介紹才認識的人（朋友的朋友的朋友），效果約達六％。經過三個中間人介紹才相識的話，效果就漸趨式微了。

就算連幾乎不認識的人，好比前文所謂的「朋友的朋友的朋友」，說不定能帶給人的幸福感，還強過口袋裡的數百美金，所以克里斯塔基斯與福勒才會依據這點，建議大家「慎選來往的朋友」。

其中的關鍵重點，在於「情緒的傳播」。

你會發現，當你連朋友的情緒狀態都感同身受時，朋友是否愈交愈多已不是令你感到滿足的關鍵。能夠擁有內心幸福的朋友，才是維持我們自己身心健全的關鍵所在。

說到這裡，想必大家會明白，我剛剛為什麼說「馬上封鎖看不爽的人才是正確答案」的理由了。

若是有「瞧不起別人、言辭激烈的人」存在於你的視線範圍內，自己也會強烈受到那個人的「情緒」所影響，甚至當自己動怒或感到不幸時，自己珍惜的朋友也有可能會連帶受到傷害。

只有自己被捲入紛爭倒還無所謂，但是，相信很少人會覺得，自己珍惜的親朋好友遭受負面情緒干擾也沒關係吧。

「慎選友人」，實在是一句非常合理的忠告，參考社群網絡的分析就能明白這句話十分正確。

而且，這番道理也等同表示應「慎選職場」。

當你身處的職場存在許多看不順眼的人物，自己也可能成為令人「看不順眼的人」，這種情緒會帶回家裡，也會影響到與朋友飲酒作樂的氣氛，還可能使親戚間的來往出現變化。

雖然這麼說有些多餘，不過依照這樣的事實來看，「公司高層情緒管理能力優劣」，或是「管理階層情商的好壞」，在選擇職場時，我敢保證一定是非常重要的參考依據。

另外，若覺得「看不順眼的人很多」，於是選擇「孤獨一人」的話，這也並非很好的選擇。在克里斯塔基斯與福勒的調查中顯示：「一直感覺孤獨的人，平均在二年至四年期間，會失去約八%的朋友」。

因為這個緣故，這些人將愈來愈孤獨。

孤獨的人能吸引的朋友就已經夠少了，但這群孤獨的人，大多數也確實只想擁有少數的朋友。

總之，「孤獨」是喪失羈絆的原因，結果也是如此。

情緒與社群網絡會相互強化，形成「富有者愈富有」的循環。

所以擁有最多朋友的人，都是受惠的一方。朋友少的人容易感到孤獨，於是，在這種情緒影響下，吸引到不同社群的「牽絆」或結合的可能性，才會愈來愈低。

想要保持身心健康，培育健全的人際關係，總之切記要與「持有負面情緒的人」保持距離，並且應結交許多「幸福的朋友」，盡力而為。

窮追猛打遠比出手相助要簡單得多

這是我以顧問的身份，出席某家公司會議時發生的故事。當時正在召開企畫會議，討論某件商品的行銷模式。

那天由某位年輕人擔任發表商品行銷的企畫案的主講者，估計有十多位與會者參與。由於這次的商品是社長心中的重點品項，因此該場企畫會議也備受公司全體的關注。

會議開始過了五分鐘左右，年輕人便著手簡報企畫案了。他的簡報技巧雖然拙劣，不過企畫案架構卻井井有條。只是，這個企畫案所需經費龐大，很難斷定社長會不會首肯。

簡報結束後，進入問答時間。這名年輕人一開口問：「請問大家有什麼問題嗎？」馬上有幾個人舉手發問。

一名業務人員首先提出他的疑問：「這個企畫案似乎很燒錢，你對於成本效益方面有什麼看法？」

業務人員說的沒錯，年輕人並沒有針對成本效益多作說明，這部分多少令人感覺有些解說不夠充分。

年輕人回說：「雖然我也認為性價比很高。不過一開始還是得在一段時間後驗證數據，才能知道估算的正不正確。」

業務人員立刻接著問：「這種事情，應該得在事前驗證才對吧？依照現況來看，數據仍不充足，這點你打算如何處理？」

年輕人回說：「關於這方面……我會去思考幾個作法。」

接著又有另一個人提出問題：「『廣告設計』方面，這張草圖似乎很難看出廣告的訴求重點吧？」

年輕人這麼回應：「廣告的概念，目前仍在挑選業者的階段。我打算經過幾次比稿後，再作選擇。」

那位提問者繼續表示：「單憑這張草圖，實在很難判斷，你應該準備齊全到某個程度後，再來這裡發表給大家聽。」

年輕人被問到黯然回答：「好的……」

顯然這個年輕人已經被問到手足無措。

這時候，其他部門的課長當機立斷出手解圍。

「這個企畫，其實做得還不錯。」課長一開口就這麼說。

「剛才在成本效益的地方，說不定能運用前陣子我們部門完成的對策數據，這部分你不妨先參考看看。能夠用來驗證的資料確實很少，不過我覺得似乎可行。」

「好的，我知道了！」年輕人趕緊接話。

「另外，廣告概念你要不要和○○廣告公司討論看看。在我印象中，他們過去承接的案件對於類似的工作可能很有經驗。」

「謝謝您提供這麼多幫助。」

接著，會議便結束了。

會議結束後，這位課長跑去找年輕人，交給他一些資料後就返回辦公室了。剛才發問的業務人員，則是馬上走出了會議室。

後來這位課長問我：「你覺得那個企畫案如何？」

「我覺得是個不錯的企畫案。」

「你說的沒錯，不過那位業務還真是叫人頭疼。」

「這句話怎麼說？」

「其實會議裡通常會出現二種人。一種是攻擊他人來彰顯自己有能力的人，另一種是幫助別人證明自己有能力的人。」

「……？」

「剛才那名業務，就是藉由攻擊那個年輕人的提案，向所有人強調自己：『我很優秀』。但又沒有提出任何建議，也沒打算深入理解年輕人想要表達的內容。」

「……」

「可是這樣是不行的。畢竟在同一家公司，能夠全體同心協力肯定是好的，如能提出改善對策，對全公司才更有助益不是嗎？希望他能明白這點就好了。不過說實話，窮追猛打遠比出手相助要簡單得多。」

我回想起過去參加過的會議。

的確，事實或許就是如此。

換個角度思解釋事實，才能事事順心

之前我有一個學生時代的朋友，任職於一間上市企業，某一天他開心地跟我說：「我當上課長了！」

我馬上向他道「恭喜」，結果他說：「但是我有點鬱悶……」

我問他：「發生什麼事了？」

「有一位前輩過去很照顧我。」

「前輩？」

「我去向那位前輩打招呼，跟他說『謝謝他的關照』，結果他突然說：『我不想跟你說話！』明明之前我們感情一直不錯的，人心真是可怕呀！」

「……」

「我從別人口中聽說『先前他說過你壞話』時，我真的打擊很大。」

工作這幾年來，我非常有感觸，不論是在哪裡，「能夠誠心為他人的成功而喜悅實在很難」。

表面上句句成熟大器，黃湯下肚後，講他人的壞話卻講到停不下來，這種情況都很稀鬆平常。

看清了這些表裡不一，以致於某段時期，我變得很不信任人性。

這世上根本就是不公平的，無論在任何層面。

比方說，聰明才智與容貌姿色，證明有沒有運動神經等「遺傳基因」，還有這個人所屬的文化、社群團體、經濟狀況等等的「環境」，甚至包括「運氣」，全都是不公平的。

麥爾坎．葛拉威爾（Malcolm Gladwell）在《異數》一書中，針對冰上曲棍球選手集中於某些月份出生並非偶然一事，提及下述內容[44]：

「冰上曲棍球選手，在同齡友人之間，通常是較早出生的那一個。」

這句話在告訴我們，「成功」包含哪些因素呢？

我以前一直以為，菁英似乎都是不費吹灰之力就能登上顛峰的有才之人。不過曲棍球選手的例子，卻讓我明白這樣的想法太過單純了。

當然能夠成為職業選手的人，天生就比我們更有才能。

但是，在同儕中比別人更早出生的選手，在同齡友人之間，已經比別人更快站上起跑線了。

這些人理所應當佔有優勢，與此同時，他們也具有「運氣好」的特質，完全不必主動爭取。

而且這個好運，對於選手們的成功人生十分有助益。

社會學家勞勃・默頓（Robert K. Merton）也將這種現象稱作「馬太效應」（Matthew effect）*。

其名稱借用自新約聖經馬太福音中的一則寓言。

「凡有的，還要加給他，叫他有餘；凡沒有的，連他所有的也要奪去。」

換句話說，成功的人能獲得特別機會的可能性最高，而且更容易成功。同樣的道理，有錢人更容易累積財富，甚至還能得到減稅的機會。表現優異的學生得以接受適性教育，更容易贏得注目的眼光。另外體格壯碩的九歲與十歲少年，更能接受到許多訓練，獲得更多練習的機會。

所謂的成功，說穿了就是社會學家經常掛在嘴邊的，成功是「累積效應」*的結果。

「初期的些微差距」，日後將形成巨大差異，並導向「頂尖專家」與「凡人」這樣的差別。

倘若遺傳、環境、運氣對於一個人的人生很重要的話，在凡事皆與「個人努力」毫無關係的世界裡，就某種程度而言，人生早就決定好壞了。

---

* 指好的愈好，壞的愈壞，多的愈多，少的愈少的一種現象。
* cumulative causation model，又稱迴圈累積因果理論，由經濟學家貢納爾．默達爾（Karl Gunnar Myrdal）提出，說明社會經濟富者越富、窮者越窮的現象。

是人都會討厭不合邏輯之事。本篇一開頭提及的前輩，肯定不高興「為什麼後進比自己先當上課長」。

認定極其不合邏輯與嫉妒之心排山倒海而來，像這類找不到個人人生意義的人比比皆是。

「贏不過有才能的人。」

「我家很窮，所以遍尋不著幸福。」

「我覺得無論做什麼，都是在白費力氣。」

聽起來感覺像是敗犬在遠吠，但是其中也的確反映出現實。

正如許多研究結果顯示，可得出下列公式：

成功＝遺傳×環境×運氣×努力

實際上「努力」並沒有多少餘地得以介入。對於「不幸的人」來說，或許會覺得這世界實在無情，對人生充滿著無力感。不僅如此，在網路發達影響之下，還加速著「嫉妒他人的成功」。

「朋友靠比特幣賺了一筆。」
「學生時代的友人轉職到了知名企業。」
「前公司的同事出來創業做得很成功。」
「和美女／有錢人結婚了。」

這些訊息，一刻也不間斷地陸續飛進眼簾。

這些人根本聽不進，「別在意就好了」、「別看社群媒體就得了」、「忽視這種訊息」這類的建議。

正如許多心理學家的警示，使人最不幸的事情，就是和「身旁的人作比較」。不過，也有人會「由衷為他人的成功感到開心」。

他們難免也懷抱著些許嫉妒的情緒，不過與其滿心嫉妒而悶悶不樂，更能理解誠心為友人的成功而喜悅，人生才會快樂。

所以，應該有很多人，期盼自己「能誠心地為他人的成功感到開心」、「不要感到嫉妒」。

話說，「能誠心地為他人的成功而喜悅」的人，有何不同呢？

是性格不同嗎？

是器量不同嗎？

是成長背景不同嗎？

或許是如此。

但是依據我的觀察，誠心為他人成功而喜悅這件事，大多數的人只要透過「提醒自己」幾乎都能做得到。這是一種「技能」，與性格、器量或成長背景，毫無相干。

為大家舉一個淺顯易懂的例子：

在足球的國際賽事中，如果日本代表隊贏了，多數日本人都會感到很開心；奧運時也是一樣。只要日本選手贏了，多數人都會「由衷感到喜悅」。

在不同時間與場合下，大家自然而然都會「誠心地為他人的成功而喜悅」。因此，千萬不能武斷認定，「人無法為他人的成功感到開心」。正確來說，「人有時能為他人成功感到開心，有時並無法感到喜悅」才對。

而且，這是在「同胞意識」驅使下，才會區分成這二種想法。日本人將日本選手視為同胞，所以「同胞」成功了，大家都很開心。反過來說，當「競爭對手」成功了，就會使人出現相反的感覺。

一開頭提到的那位前輩，無法對於後進搶先出人頭地感到喜悅，這就是因為已經沒有將後進當成同胞的關係。

「感情很好的後進當上課長了，實在叫人不甘心。」

這時候，前輩已經將後進視為「競爭對手」了。

但是若換個角度想，作不同的解釋，「和自己感情很好的人出人頭地了」這個事實，比起「不認識的人，或是感情不好的人出人頭地」，對於自己在公司裡的地位，說不定會更有幫助。

「感情好的後進升上課長了，真叫人開心。」文章這樣寫，一點都不奇怪。這時候，前輩則是將後進視為「同胞」了。

重點在於，對於「事實」的解釋角度不同，將使你生活的世界能夠怡然自得，或是變得不容易生存。

總而言之，「能否為他人的成功誠心感到喜悅」，端靠一個想法就能改變。不起眼的表現或說話方式，有時會使一個人的情緒急轉直下，有時也會急轉直上。

這稱作「情緒框架」，一個人的情緒遠超出「合理範圍」的情形，藉由下述丹尼爾．康納曼（Daniel Kahneman）提到的例子，就能一目了然[45]：

將治療肺癌的二種療法，也就是手術與放射線治療的資料，提供給與會的醫師參考，詢問他們會選擇哪一種治療方式。

根據資料顯示，手術五年後的生存率明顯較高，但是短期來說，手術的風險比放射線更高。

將實驗者分成二組，讓一組參考了生存率相關資料，另一組也提供相同結果的資料，不過改成用死亡率的方式作呈現。手術短期結果的相關記述，如下所示：

術後一個月的生存率為九〇％。（第一組）

術後一個月的死亡率為一〇％。（第二組）

結果大家應該知道了。選擇手術的人，第一組（八四％的實驗者）比第二組（五〇％）高出許多。這二段文字，理論來說很明顯是相同意思，所以作決定的人若有依據客觀事實加以判斷的話，不管文字如何陳述，理應會做出相同的選擇。

不過大家心知肚明，這二種文字很難叫人情緒不受到波動，死亡二字並不吉利，而生存二字感覺卻很良好。

於是大多數的醫生才會作出類似的判斷，認同生存率九〇％的正向結果，排斥死亡率一〇％的負面事實。

在這項實驗中，釐清了很重要的一點，就是即便身為醫生，與未接受過醫學專業教育的人們（患者或其他學院的學生），都會受到相同的情緒框架所干擾。

令人驚訝的是，就連具有深知灼見的專家，也會因為「不同的表達方式」，對於相同事實出現全然迥異的看法。

這就是人類。無法屏除「他人成功」的訊息。

如此看來，為了在這世上自在過活，盡可能改用讓自己感覺正向的思考邏輯，最是重要，也是怡然度日的祕訣。

有目的地活用「消息」，就能事半功倍

我在從事顧問工作時，業界曾時興過錄用人才時，先不論其他好壞，只看重「頭腦聰不聰明」。這是因為頭腦聰明的人，經過某種程度的訓練後，就能成為夠格的顧問。但不管多會巴結，卻稱不上聰明的人，無論訓練再久，仍無法獨當一面。

其實我二十五歲之後任職的部門，在錄用非應屆畢業生時，並不會特別重視「學歷」。

當時只在乎，這個人「聰不聰明」。

有位求職者僅「高中畢業」就去當了「汽車整備技師」，後來轉職成為「期貨業務專員」，接著又當了「漁夫」，擁有這些看似毫不相關經歷的他，最後被錄取了。

因為他的一言一行，都能叫人感覺到他實在頭腦聰明。

大家一致公認，他缺乏業務經驗這一點，藉由訓練就能改善。

日後他確實為公司帶來極大貢獻，甚至當上了「分公司社長」，證明公司當初的判斷十分正確。

對於「聰明」的見解，我一直耿耿於懷。

究竟什麼叫作「頭腦聰明」呢？

就在我百思不得其解時，有個人推薦我參考佐藤優所寫的《自然瓦解的帝國》[46]一書。

作者原先是名外交官，據悉他一直在從事所謂的間諜活動。

《自然瓦解的帝國》一書中，將間諜活動稱作「消息」，與情報（information）的取得作了明確的區別[46]。

依據作者所言，所謂的消息，就是「將稀鬆平常的情報（information），解讀成深層意義或意圖的行為」。

舉例來說，有位來自捷克的馬斯東尼克深受作者景仰，還將他稱之為「消息之師」。

馬斯東尼克跟作者說過的一段話，正好充分展現出「消息」的本質：

不要小看新聞。刊載於《真理報》（蘇聯共產黨中央委員會的機關報）與《消息報（新聞）》（蘇聯政府機關報）中，關於共產黨中央委員會及政府的決定、社論，無論內容再無趣，一定要用紅色鉛筆一邊圈注重要事項一邊詳讀。

另外在莫斯科還能買到捷克斯洛伐克的共產黨機關報《紅色正義》來看，同樣要一面拿著紅色鉛筆一面詳讀。只要經過半年，就能從新聞的字裡行間，解讀實際發生了什麼事。

馬斯東尼克主張，「從新聞的字裡行間，可解讀出實際發生了什麼事」。看到這裡我大感欽佩，這正是「消息」的本質，甚至可說是「頭腦聰明」的本質。

就是在說，「頭腦聰明的人」，即便接收到相同情報，比起頭腦不聰明的人，他們能從中解讀的情報天差地遠。

不是就字面上直接作解釋，而是從「脈絡」中延伸出更多的情報。這正是「頭腦聰明的人」所具備的特長。若用成語來形容，就是「聞一知十」。

還有另一個例子，這是我一個醫生朋友跟我說的。

我這位朋友還是菜鳥醫生時，有個年紀很小的小朋友，因為「肚子痛」前來醫院看診。

但在他診察腹部後卻毫無頭緒。他實在想不透小朋友為什麼一直喊「肚子痛」，於是去向上司求教。

「他說他肚子痛，但我卻找不出任何病因。會不會是腸胃炎呢？」

結果，上司回他：「笨蛋，你都看了哪些地方呀？」

接著上司對小朋友說：「你真正會痛的地方，不是腹部而是小雞雞對吧？」

小朋友點點頭。原來是小朋友覺得丟臉，所以才說他「肚子痛」。

前輩觀察後，發現是「睪丸扭轉」，若是未經處置，有時會很危險。

聽說這件事讓朋友領略到，「從寥寥可數的情報判讀出許多現象」，實在是難能可貴的一件事。

大家一定會想說，這種事情「只要有經驗誰都做得到」。

但是不管你經驗再豐富，知識再高深，很遺憾的是，對於這些「消息」，「無法察覺的人永遠都無法察覺」。

想讓頭腦變聰明的人，必須有目的地活用「消息」。具有強烈意識，好比會留意細枝末節、刻意解讀、釐清內在規律性這方面的人，或許就能稱作為「頭腦聰明的人」。

只是「花時間思考」思考再久也於事無益

某家公司的後進被前輩叨唸了一句：「先思考再工作。」
後進回說：「我有在思考呀！」
但是前輩還是嚴正提醒他：「要好好思考才行。」
「既然如此，請您詳細說明一下，具體來說好好思考的意思是什麼？」
後輩也沒有打算退讓地說。
前輩卻沒有打算詳細說明，只說了一句：「就是仔細地想一想。」
對於「仔細思考究竟該怎麼做」，後進還是無法從前輩那裡得到一個明確的答案。
後輩陷入沉思。
俗話說「朽木不可雕也」，花時間思考就能想出好辦法，這句話根本大錯特錯，懂得如何正確思考，才能獲得期盼中的成果。

因此「仔細思考」，堪稱上班族必備的重要技能之一。

話說回來，「仔細思考」究竟該怎麼做才對？

當然許多前輩的意見眾說紛紜，針對「思考」的本質，如今也不需要我說三道四。

但是許多身為「思考」專家的哲學家及思想家，都能從他們身上看出共同的態度，就是他們自始至終都會徹底「懷疑大家一直認為理所當然之事」。

舉例來說，十七世紀的偉大哲學家，同時也是數學家的笛卡兒便提出了下述論點[47]：

早在幾世紀以前，就已經培育出生在這個世界擁有極致優異哲學思想的人們了，但如今卻沒有人針對哲學加以議論，因此也沒有人會有所質疑。看到這種現象，我在哲學這方面，並不覺得比別人成功而感到自負。而且，同一件事明明就只有一個真理，然而在眾多學者不同主張之下，卻能紛紛提出個人意見相互討論，因此我認為看似真實的事物，大體上都是虛偽的。

正如愛因斯坦推翻大家公認的牛頓運動定律，重大突破幾乎都是源自批判的態度，諸如懷疑前提、猜疑被視為理所當然的事情等等。

因此，當我們在「仔細思考」時，必須重視「懷疑」這件事。

其實簡單來說，要求部下「好好思考」的上司或前輩，可以告訴部下：「要去質疑感覺理所應當的事情。」

接下來要舉一個切身的例子，這件事發生在之前我請下屬們進行電話行銷的時候，我跟他們交待：「請先想清楚，再打電話。」

當時我並沒有深思熟慮，只是隨便脫口而出要他們「想清楚再做」，於是有個能力不錯的部下對此感到疑問，心想「難道只能用這種方式嗎？」後來邊做邊想出了適合自己的作法。

一般來說，電話行銷的時間據說是在九點至十點，以及下午五點至六點成效最佳。

但有一名員工質疑，「事實果真如此嗎？」於是想實驗看看，「事實上是不是從八點三十分開始電話行銷會比較好？」

他開始去懷疑一直被視為理所當然之事。

就像這樣，即便心裡覺得「十分清楚明白了」，還是有很多事情一知半解，所謂的「先思考再工作」，就是要釐清「自己還搞不清楚哪些部分」，細細斟酌的同時再著手工作。

而且，質疑「自己是不是沒有仔細弄清楚」的態度，還能創造出「科學」。歷史學家尤瓦爾・哈拉瑞（Yuval Harari）在《人類大歷史》一書中，便針對催生近代科學的「無知力量」提出了下述論點[48]：

現代科學的基礎，就是拉丁文字首「ignoramus」，意為「我們不知道」。以此前提而言，我們承認了自己並非無所不知。更重要的是，我們也願意在知識進展之後，承認過去相信的事情可能有誤。

（中略）

到目前為止，科學革命並不是「知識的革命」，而是「無知的革命」。真正讓科學革命起步的偉大發現，就是「人類對於最重要的問題其實毫無所知」。

包含回教、基督教、佛教及儒教這些近代以前的傳統知識，這世界認定重要的事情，人們深信全部理解了。

（中略）

有意進一步認同自己無知，可見近代科學遠比過去的傳統知識更生生不息，具有彈性且充滿好奇心。

反過來說，人「如能了解自己無知」，將形成無與倫比的力量。若試著針對「企業」這個組織，加以剖析探討的話，我們在經營這方面，或在行銷這方面，究竟又理解了多少呢？

所謂「先思考再工作」，就是經常向自己提問：「事實上自己是不是還沒搞清楚呢？」

後記

「人際關係」是最棘手的問題

大家認為，上班族常見的煩惱，大多是哪些部分呢？

我認為大致可分成下述三大類型：

1. 希望工作表現更佳。
2. 缺乏溝通能力。
3. 工作方面的人際關係。

在我主持的網路媒體 Books & Apps 裡頭，針對了這類上班族每天必須解決的各式煩惱，以及我一直以來根據所見所聞發表的文章。

後記
人際關係是最棘手的問題

有時在回顧熱門文章時，我發現這些受歡迎的文章幾乎都有碰觸到「人際關係之弊病」的議題。

「人際關係之弊病」，是常見且極為棘手的煩惱，在工作上，也是嚴重影響產能的問題之一。

但是，這個問題卻沒那麼容易得以解決。

因為弊病的原因，來自於「認知差異」。

以樂團為例，也許是「音樂性不同」；以藝術家為例，可能是「世界觀不同」。

所謂的「認知差異」，就是每個人看到相同東西，大腦作出不同的解釋後，出現了不同的認知，當彼此愈是進一步討論自認為「合理的概念」，愈會覺得對方愚昧無知。

於是就會出現「怎麼連這麼理所當然的事都不明白？」的這種反應。

為了解決這種現象，必須細細體會對方所言，推敲「對方看到了什麼？」，但這樣的行為得具備相當高度的智慧。

最重要的是，你必須抱持「對方的想法也應該有其合理之處，所以絕對要尊重對方」的態度。

但是極少有人能展現這種「態度」，所以很難獲得學習的機會，這也是為什麼這句話是人生的一大課題的原因。

因此這本書出版的最大目的之一，就是幫助大家學習「認知差異」並避開誤區。

這次在日本實業出版社各位同仁協助下，才得以推出本書，期盼各位讀者在參考眾多「範例」後，如能幫助大家不再受人際關係之弊病所困擾的話，我將備感榮幸。

二〇一九年二月

安達裕哉

參考文獻

1 《愚蠢之壁》養老孟司／新潮社。

2 《進化過頭的腦》池谷裕二／講談社。

3 Daniel Kahneman. *Thinking, Fast and Slow.*

4 《愚蠢之壁》養老孟司／新潮社。

5 Daniel Kahneman. *Thinking, Fast and Slow.*

6 Daniel Kahneman. *Thinking, Fast and Slow.*

7 Daniel Kahneman. *Thinking, Fast and Slow.*

8 Peter F. Drucker. *Managing for Results.*

9 《論語》金谷治譯注／岩波書店。

10 《蘇格拉底的申辯克利同篇》柏拉圖／久保勉譯／岩波書店。

11 Peter F. Drucker. *Managing the Non-Profit Organization.*

12 Alex Pentland. *Social Physics: How Good Ideas Spread—The Lessons from a New Science.*

13 Matthew Syed. *BLACK BOX THINKING : The Surprising Truth About Success.*

14 Peter F. Drucker. *Adventures of a Bystander.*

15 Eric Schmidt. *How Google Works.*

16 《廣辭苑第六版》新村出編／岩波書店。

參考文獻

17 Daniel Kahneman. *Thinking, Fast and Slow.*
18 Daniel Kahneman. *Thinking, Fast and Slow.*
19 Daniel Kahneman. *Thinking, Fast and Slow.*
20 《愚蠢之壁》 養老孟司／新潮社。
21 《AI vs. 教科書が読めない子どもたち》 新井紀子／東洋經濟新報社。
22 《僕がアップルで学んだこと 環境を整えれば人が変わる、組織が変わる》 松井博／ASCII MEDIA WORKS。
23 Peter F. Drucker. *The Effective Executive.*
24 Nick Powdthavee. *The Happiness Equation: The Surprising Economics of Our Most Valuable Asset.*
25 《我們化的孩子們》 諏訪哲二／中央公論新社。
26 Daniel Kahneman. *Thinking, Fast and Slow.*
27 Peter F. Drucker. *The Effective Executive.*
28 網站「人力搜尋行嗎？」匿名提問者。
29 Project Management Institute. *A Guide to the Project Management Body of Knowledge (Pmbok Guide) Fifth Edition.*
30 《為何管理會遇上瓶頸》 田坂廣志／東洋經濟新報社。
31 Peter F. Drucker. *Management: Tasks, Responsibilities, Practices.*
32 Daniel Kahneman. *Thinking, Fast and Slow.*

33 Adam Grant. *Give and Take: A Revolutionary Approach to Success.*
34 Laszlo Bock. *Work Rules!: Insights from Inside Google That Will Transform How You Live and Lead.*
35 Anders Ericsson & Robert Pool. *Peak: Secrets from the New Science of Expertise.*
36 《海馬 脳は疲れない》池谷裕二、糸井重里／新潮社。
37 Daniel Kahneman. *Thinking, Fast and Slow.*
38 《財經新聞》（二〇一二年五月十五日）。
39 Atul Gawande. *The Checklist Manifesto: How to Get Things Right.*
40 Peter F. Drucker. *Management: Tasks, Responsibilities, Practices.*
41 Peter F. Drucker. *The Effective Executive.*
42 Brian Wansink. *Mindless Eating: Why We Eat More Than We Think.*
43 Nicholas A. Christakis & James H. Fowler. *Connected: The Surprising Power of Our Social Networks and How They Shape Our Lives.*
44 Malcolm Gladwell. *Outliers: The Story of Success.*
45 Daniel Kahneman. *Thinking, Fast and Slow.*
46 《自然瓦解的帝國》佐藤優／新潮社。
47 《方法序説》笛卡兒／谷川多佳子譯／岩波書店。
48 Yuval Noah Harari. *Sapiens: A Brief History of Humankind.*

0ACA4010　職場方舟

就你最聰明！

走出畫地自限的傲慢與偏見，Big 4 資深顧問的職場心理學（二版）

すぐ「決めつける」バカ、まず「受けとめる」知的な人

（本書初版書名：主管都是澆熄他人熱情的天才？：你是武斷下定論的笨蛋，還是先聆聽接納的聰明人？）

作　　者　安達裕哉
譯　　者　卓惠娟、蔡麗蓉
封面設計　職日設計
內文版型　楊雅屏
編輯協力　張婉婷
責任編輯　盧羿珊（初版）、邱昌昊（二版）
行銷經理　王思婕
總 編 輯　林淑雯

社　　長　郭重興
發行人兼出版總監　曾大福
出 版 者　方舟文化｜遠足文化事業股份有限公司
發　　行　遠足文化事業股份有限公司
23141 新北市新店區民權路 108-2 號 9 樓
電　　話　+886-2-2218-1417
傳　　真　+886-2-8667-1851
劃撥帳號　19504465
戶　　名　遠足文化事業股份有限公司
客服專線　0800-221-029
E - MAIL　service@bookrep.com.tw
網　　站　www.bookrep.com.tw

排　　版　菩薩蠻電腦科技有限公司
製　　版　軒承彩色印刷製版有限公司
印　　刷　通南彩印股份有限公司
電　　話　（02）2221-3532
法律顧問　華洋法律事務所｜蘇文生律師

定　　價　380 元
初版一刷　2019 年 11 月
二版一刷　2021 年 06 月
缺頁或裝訂錯誤請寄回本社更換。
歡迎團體訂購，另有優惠，請洽業務部（02）22181417#1124

國家圖書館出版品預行編目 (CIP) 資料

就你最聰明！：走出畫地自限的傲慢與偏見，Big 4 資深顧問的職場心理學 / 安達裕哉著 ; 卓惠娟 , 蔡麗蓉譯 . -- 二版 . -- 新北市 : 方舟文化，遠足文化事業股份有限公司 , 2021.06
面 ;　公分 . -- (職場方舟 ; 4010)
譯自 : すぐ「決めつける」バカ、まず「受けとめる」知的な人
ISBN 978-986-06425-9-9 (平裝)

1. 職場成功法 2. 人際關係

494.35　　110007567